U0192838

"21世纪海上丝绸之路"海洋经济合作指数评估报告 2020

刘大海 于 莹 著

科学出版社

北 京

内 容 简 介

本报告通过构建"21世纪海上丝绸之路"海洋经济合作指数评价体系,测算评估我国与34个"海丝路"周边国家的海洋经济合作水平和发展态势,从整体得分、梯次和地区等多视角进行评价,并尝试总结一般性规律。在此基础上,进行基于时间序列的专题分析与中日韩海洋经济合作专题分析,全面客观地反映我国与"海丝路"周边国家的海洋经济合作现状,多角度总结我国海洋经济合作经验,明确我国及合作伙伴的合作程度与合作实力。研究将为探明我国海洋经济全面开放水平,推动海洋经济合作向纵深发展,助力"海丝路"建设,深化参与国际海洋事务等提供支撑和服务。

本报告主要以各海洋研究所和高等院校、海洋经济的海洋管理等领域科研工作者及海洋爱好者等为读者对象,旨在为全社会提供一个了解海洋、认识海洋的途径和平台。

图书在版编目(CIP)数据

"21世纪海上丝绸之路"海洋经济合作指数评估报告. 2020 / 刘大海,于莹著. —北京:科学出版社,2020.9

ISBN 978-7-03-066168-5

Ⅰ. ①2… Ⅱ. ①刘… ②于… Ⅲ. ①海洋经济–国际合作–经济合作–指数–评估–研究报告–2020 Ⅳ. ①P74

中国版本图书馆 CIP 数据核字(2020)第 176605 号

责任编辑:周 杰 王勤勤 / 责任校对:樊雅琼

责任印制:吴兆东 / 封面设计:黄华斌

科学出版社 出版

北京东黄城根北街 16 号

邮政编码:100717

http://www.sciencep.com

北京建宏印刷有限公司 印刷

科学出版社发行 各地新华书店经销

*

2020 年 9 月第 一 版 开本:720×1000 1/16

2020 年 9 月第一次印刷 印张:11 1/2

字数:250 000

定价:138.00 元

(如有印装质量问题,我社负责调换)

编 写 组

前　言

　　海洋是地球最大的生态系统，是人类生存和可持续发展的共同空间与宝贵财富。随着经济全球化和区域经济一体化的进一步发展，以海洋为载体和纽带的市场、技术、信息等合作日益紧密，发展海洋经济逐步成为国际共识，一个更加注重和依赖海上合作与发展的时代已经到来。

　　2013 年 10 月，中国国家主席习近平在出访东盟国家期间，提出共建"21 世纪海上丝绸之路"的重大倡议，得到国际与国内社会的高度关注。2015 年 3 月 28 日，国家发展和改革委员会、外交部、商务部联合发布了《推动共建丝绸之路经济带和 21 世纪海上丝绸之路的愿景与行动》，提出我国将致力于亚欧非大陆及附近海洋的互联互通，建立和加强沿线各国伙伴关系。2017 年 6 月，《"一带一路"建设海上合作设想》作为我国首次就推进"一带一路"建设海上合作提出的中国方案，提出中国愿与"21 世纪海上丝绸之路"（以下简称"海丝路"）周边各国一道开展全方位、多领域的海上合作，推动共建通畅、安全、高效的海洋经济通道。

　　为响应国家"海丝路"倡议，服务国家海洋经济建设，自然资源部第一海洋研究所开展了"'海丝路'海洋经济合作指数"研究工作。本研究通过构建"海丝路"海洋经济合作指数评价体系，测算评估我国与 34 个"海丝路"周边国家的海洋经济合作水平和发展态势，尝试总结一般性规律，为总结我国海洋经济合作经验、拓宽合作视野、厘清合作思路奠定基础。研究探明我国海洋经济全面开放水平，并在实践中不断优化研究方法、丰富研究内容，对于推动海洋经济合作向纵深发展、助力"海丝路"建设、实现海洋强国战略目标、深化参与国际海洋事务等具有重要参考价值。

希望《"21 世纪海上丝绸之路" 海洋经济合作指数评估报告2020》能够成为社会认识和了解我国海洋经济国际合作的窗口,见证我国建设开放型海洋强国这一伟大历史进程。本报告是国家重点研发计划"2017YFC1405100"和"2016YFC1402701"项目成果的总结,是海洋经济合作指数评估研究的阶段性成果,敬请各位同仁批评指正,编写组会汲取各方面专家学者的宝贵意见,不断完善"海丝路"海洋经济合作指数评估报告。如有意见与建议,欢迎联系 mpc@fio.org.cn。

自然资源部第一海洋研究所
海岸带科学与海洋发展战略研究中心
2020 年9 月

目　　录

第一章　数据视角看我国海洋经济对外合作形势

海洋经济是开发利用海洋的各类海洋产业及相关经济活动的总和。海洋经济是我国国民经济的重要组成部分，开发利用海洋在我国经济发展中具有十分重要的战略地位。近年来，海洋经济对我国经济发展的贡献越来越大，是我国经济可持续发展极为重要的条件和强有力的支持。

经济统计数据是国家经济对外开放形势、经济增长动力的最直观反映。海洋经济中包含的海洋渔业、海洋交通运输业、海洋船舶工业、海洋油气业、海洋新兴产业等涉海行业，均依赖于全产业链的全球合作与进出口贸易。从渔业贸易、航运合作、劳务输出等多角度，以数据方式直观感受我国传统海洋经济行业、海洋贸易支撑行业与人才流动情况，是把握我国海洋经济对外开放与合作趋势的最直接途径。

数据视角看我国海洋经济发展趋势，渔业依旧是我国海洋经济发展的支柱型产业，航运合作基础雄厚、态势良好，劳务输出则受工程项目影响较大。作为全球最大的水产品输出国，我国与34个"海丝路"周边国家的渔业进出口额占我国双边渔业进出口总额的1/3，与不同国家渔业进出口合作差距较大，我国出口的水产品甚至基本垄断个别非洲国家的水产品进口市场。拥有多个全球最先进、最繁忙的港口，我国航运合作基础雄厚，与亚洲国家航运合作最为畅通密切，与"海丝路"不同国家合作程度仍存在较大差距，部分国家与我国航运往来还有很大的提升空间。目前，我国劳务输出在大多数国家仍然是以工程建设为主，而其他企业合作领域的劳务输出较少。这种输出方式对项目合作依赖度较高，而劳务、企业合作输出方式则对对方国家劳务需求和经济实力的要求更高，未来劳务输出合作态势仍待观望。

第一节　渔业贸易蓬勃发展

渔业与水产品贸易一直是海洋贸易中开展频繁、体量较大的海洋贸易。不同于油气开发、大宗货运、深海开发等对国家经济实力、基建能力、科技程度依赖度较高的海洋产业，渔业捕捞、养殖、水产品贸易参与门槛较低，参与国家数量多，绝大多数小岛屿国家和沿海经济欠发达国家的海洋经济参与度均依靠渔业贸易。我国海洋渔业仍然为海洋经济发展的支柱型产业，2018 年增加值占比为 14.3%，为我国第三大海洋经济贡献行业（由《2018 年中国海洋经济统计公报》获得）。我国作为水产养殖大国与消费大国，在全球海洋渔业贸易中也保持着较高的参与度。分析我国海洋渔业贸易进出口，可以反映我国与其他国家在海洋渔业贸易中的参与程度，衡量我国海洋经济对外开放和国际合作的重要性。

一、"海丝路" 周边国家与我国渔业进出口额分析

2004—2018 年，我国双边渔业进出口额逐年上升，最高近 250 亿美元，最低 64 亿美元，增长了近 3 倍，上升迅猛。2004—2018 年，我国双边渔业进出口额排名前十的国家分别为美国、日本、韩国、俄罗斯、加拿大、德国、越南、西班牙、挪威和英国（图 1-1）。

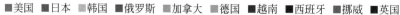

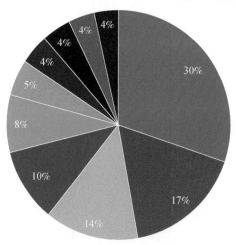

图 1-1　2004—2018 年我国双边渔业进出口额排名前十的国家所占份额

排名前十的国家中，美国占据了将近 1/3 的进出口份额，与其他国家相比优势明显。美国海岸线长，岛屿众多，渔业资源丰富，是全球海水捕捞产量最高的国家。同时，美国拥有先进的水产品加工产业链，国内对水产品的需求量也较高，与我国的渔业进出口额位居榜首。日本、韩国和俄罗斯与我国的渔业进出口额所占份额都高于 10%。日本作为"千岛之国"，拥有世界著名渔场——北海道渔场；韩国东、西、南三面环海，渔业资源丰富。日韩两国均与我国隔海相望，贸易往来便利，均为我国重要的水产品贸易领域出口对象。俄罗斯食品加工业较为落后，其国内渔业产品需求量大，且俄罗斯与我国已建立战略伙伴关系 30 余年，合作历史悠久，地理区位也具有明显优势。位于北美洲的加拿大和位于欧洲的西班牙、挪威、英国和德国，渔业资源均丰富且发达，与我国的渔业进出口额所占份额较大。越南作为排名前十中唯一一个东南亚地区的发展中国家，与我国的渔业进出口额所占份额排名第七，贸易体量显著。尽管其在经济实力、科技发展等方面较其他国家缺乏优势，但渔业作为越南经济的重要组成部分，一直是支撑其国家经济发展的支柱型产业。凭借与我国便利的地理位置、密切的合作历史等优势，中越渔业进出口近年来成果颇丰。

从排名前十的国家与我国渔业进出口额的年度变化分析来看，我国双边渔业进出口额情况整体呈现稳步上升态势（图 1-2）。其中，中美双边渔业进出口额变化最大。2004—2018 年，中美双边渔业进出口额持续增加，2011 年之前上涨势头最为明显，涨幅达 156%。2011 年之后中美双边渔业进出口额基本保持平稳，波动较小，但较其他国家一直处于领先地位。中美两国在渔业方面贸易往来密切，合作态势良好，近年来发展平稳，美国是我国海洋渔业贸易中的重要合作伙伴。日本与我国的渔业进出口额在 2004 年、2005 年排名第一，但 2006 年之后进出口额出现下降，2009 年之后保持平稳，是研究区间内唯一一个双边渔业进出口额出现较明显下降的国家。同为东北亚地区渔业大国，中韩双边渔业贸易情况则呈现较为明显的上升态势，尽管有个别年份略微下降，但整体维持平稳上升的态势。涨幅明显的国家还有俄罗斯、加拿大和越南。整体而言，在排名前十的国家中，双边渔业进出口额维持了较稳定的上升态势。

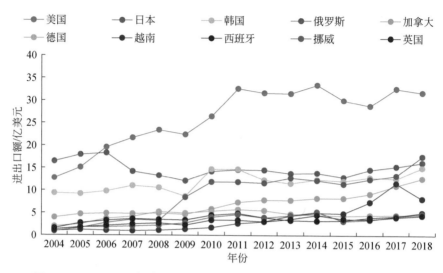

图 1-2　2004—2018 年我国双边渔业进出口额变化态势（排名前十的国家）

2018 年，我国与 34 个"海丝路"周边国家双边渔业进出口总额约为 45 亿美元，占我国双边渔业进出口总额的 33%（表 1-1）。将全球与我国有渔业产品双边贸易的国家数量相比较，"海丝路"周边国家数量并不算多，占我国渔业贸易总量的 1/3，是我国渔业贸易中对外合作的中坚力量，在海洋经济领域贡献突出。

韩国、俄罗斯与我国的渔业进出口额分别占我国双边渔业进出口总额的 8.7% 和 7%，在 34 个"海丝路"周边国家中则分别占 26% 和 21%。韩国、俄罗斯进出口额两者之和超过排名第三至第十三位国家进出口额之和，是"海丝路"周边国家中的渔业产品最大双边贸易方。双边渔业进出口额排名前十的"海丝路"周边国家中，东南亚国家（越南、泰国、马来西亚、印度尼西亚、缅甸）数量占了一半。东南亚国家优越的地理位置和丰富的热带渔业资源是其发展水产经济的重要保障，但相对较弱的经济和科技实力，也决定了其整体渔业产业链处于低端经济，在高端水产品行业仍然存在短板。

表 1-1　2018 年我国与 34 个"海丝路"周边国家双边渔业进出口额排名

（单位：万美元）

排名	国家	进出口额	排名	国家	进出口额
1	韩国	117 279.87	18	肯尼亚	2 429.62
2	俄罗斯	95 573.90	19	孟加拉国	1 278.22
3	越南	43 035.85	20	土耳其	819.94
4	泰国	31 264.58	21	马达加斯加	691.61
5	新西兰	24 986.33	22	斯里兰卡	616.33
6	马来西亚	22 710.40	23	莫桑比克	600.90
7	印度尼西亚	22 448.89	24	坦桑尼亚	566.43
8	缅甸	17 572.55	25	爱沙尼亚	388.37
9	智利	14 092.12	26	克罗地亚	274.58
10	波兰	11 251.36	27	佛得角	144.94
11	菲律宾	9 016.61	28	文莱	135.17
12	意大利	8 542.77	29	柬埔寨	109.95
13	葡萄牙	6 642.46	30	萨摩亚	69.95
14	新加坡	5 724.17	31	马尔代夫	68.26
15	巴基斯坦	4 665.66	32	塞舌尔	63.87
16	斐济	4 555.64	33	马耳他	34.99
17	南非	2 648.51	34	吉布提	—

从渔业产品进口额来看，2018 年 34 个"海丝路"周边国家中，我国从俄罗斯、越南、韩国和新西兰国进口的渔业产品约占 34 个国家的 2/3，在 34 个"海丝路"周边国家中占有绝对优势（图 1-3）。其中，俄罗斯出口至我国的渔业产品额占 34 个国家的 32%，优势明显。排名其后的越南、韩国和新西兰占比均超过 10%，超过 5% 的国家还有泰国、印度尼西亚和智利。其他国家占比则较小，在此不予详细展示。

从渔业产品出口额来看，"海丝路"周边国家中，我国向韩国出口的渔业产品额占 34 个国家的 48%，是"海丝路"周边国家中最大的渔业产品出口目的地（图 1-4）。作为"海丝路"周边国家中最邻近我国的渔业产品消费

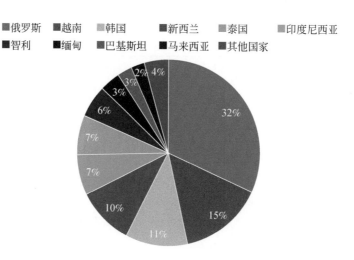

■俄罗斯　■越南　■韩国　■新西兰　■泰国　■印度尼西亚
■智利　■缅甸　■巴基斯坦　■马来西亚　■其他国家

图 1-3　2018 年我国进口"海丝路"周边国家渔业产品额占比

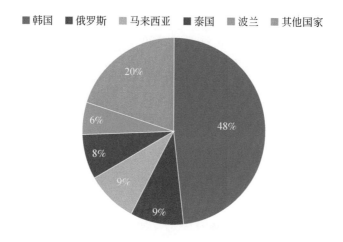

■韩国　■俄罗斯　■马来西亚　■泰国　■波兰　■其他国家

图 1-4　2018 年我国向"海丝路"周边国家出口渔业产品额占比

大国,韩国渔业产品市场前景广阔,与我国渔业产品的合作未来值得期待。排名其后的俄罗斯、马来西亚、泰国和波兰进口我国渔业产品占比之和为32%,也是我国渔业产品出口的重要对象。其中,我国出口至波兰的渔业产品额占34个国家的6%,排名第五,在中东欧国家中排名第一。波兰是中东欧地区人口最多的国家，其消费市场广阔，对渔业产品的需求体量也较大，同时中国也是波兰最主要的贸易伙伴。尽管我国与波兰在地理位置上较亚洲国家远，但紧密的贸易合作促进了两国渔业产品的流通，未来在该领域仍拥有上升空间。

二、渔业产品进出口合作度

进出口额是衡量两国间贸易体量的最直接表达，也是横向比较与我国开展进出口贸易规模最传统和最直观的表现。但不可否认，进出口额存在局限性。进出口额对国家经济发展程度依赖较大，经济发达、市场体量广阔、消费较高的国家在进出口额指标中拥有较好结果；但相对经济体量较小、经济不发达的国家，单从金额数值反映其国家与我国进出口合作度则呈现明显劣势。因此，将进出口额的绝对数值转换为用比值反映的进出口合作度，尽管会牺牲一部分以我国视角出发的横向比较结果，但可以从对方国角度更全面地衡量双边贸易合作紧密程度。

渔业产品进出口合作度指一国从某国进出口的渔业产品总额占该国渔业产品进出口总额的比例。"海丝路"周边国家对我国的渔业产品进出口合作度可客观反映该国与我国渔业贸易的密切程度及对我国的渔业贸易依赖程度，是评价我国与"海丝路"周边国家渔业贸易合作度的重要指标。2018年，在32个"海丝路"周边国家中，柬埔寨、新西兰和俄罗斯与我国渔业产品出口合作度位居前三，均超过30%，柬埔寨最高，为42.40%（表1-2，孟加拉国、吉布提两国数据缺失）。此外，渔业产品出口合作度超过20%的国家还有4个，分别是缅甸、斐济、巴基斯坦和马来西亚。另外，还有9个国家合作度在10%以上，其余国家合作度均低于10%。作为世界第二大经济体，我国也是亚洲地区国家最大的水产品出口目的地。尽管柬埔寨出口至我国的渔业产品总额相较其他"海丝路"周边国家体量较小，但其产品有近一半销往我国，我国对其渔业产品出口业举足轻重。可见，对经济体量较小的国家而言，我国巨大的市场体量无疑为其提供了广阔的合作平台。俄罗斯出口至我国的渔业产品总额约占"海丝路"周边国家的 1/3，而出口至我国的渔业产品也占俄罗斯的近 1/3；中国与俄罗斯互为渔业产品领域的重要合作对象，一方面俄罗斯渔业产品的进口是我国渔业产品市场的重要输入，另一方面我国也是其重要的渔业产品出口对象，两国在渔业产品进出口市场上合作紧密。智利的渔业产品出口合作度在 10% 以下，尽管智利出口至我国的渔业产品额占"海丝路"周边国家的 6%，但广阔的全球市场也使得该国的出口对象选择较多，并非以我国作为其最主要的产品出口对象。

表 1-2　2018 年"海丝路"周边国家双边渔业产品出口合作度(10%以上)（单位:%）

排名	国家	渔业产品出口合作度
1	柬埔寨	42.40
2	新西兰	35.48
3	俄罗斯	34.86
4	缅甸	28.22
5	斐济	22.31
6	巴基斯坦	21.22
7	马来西亚	20.38
8	越南	18.23
9	韩国	16.67
10	马达加斯加	16.42
11	莫桑比克	14.97
12	印度尼西亚	14.13
13	泰国	13.30
14	文莱	13.09
15	菲律宾	12.70
16	坦桑尼亚	11.82

2018 年，在 32 个"海丝路"周边国家中，不同国家与我国渔业产品进

口合作度差距明显（表1-3，孟加拉国、吉布提两国数据缺失）。排名第一的为肯尼亚，其进口合作度为87.00%，我国基本垄断了肯尼亚的渔业产品进口市场；排名第二的坦桑尼亚合作度也在50%以上。对较不发达的非洲地区国家而言，我国出口产品体量足以满足国家进口需求，因此经济体量较小的国家一旦打开与我国贸易合作的途径，其市场份额必将有很大一部分由我国占据。斐济和智利两国与我国渔业产品合作度近50%，智利是大西洋鲑鱼最大的出口国之一，作为太平洋岛国的斐济，其捕捞业同样发达，丰富的渔业资源确保了这些国家对进口渔业产品需求量较少；我国作为全球最大的渔业产品出口国，商品种类丰富，能够较好地满足这些国家进口渔业产品的需求。我国与菲律宾渔业产品进口合作度在30%以上，与新西兰、萨摩亚、韩国和印度尼西亚四国渔业产品进口合作度在20%以上。渔业产品进口合作度在十二名之后的国家均小于10%，在此不予展示。

表1-3　2018年"海丝路"周边国家双边渔业产品进口合作度(10%以上)（单位:%）

排名	国家	渔业产品进口合作度
1	肯尼亚	87.00
2	坦桑尼亚	56.08
3	斐济	47.77
4	智利	47.61
5	菲律宾	31.33
6	新西兰	26.40
7	萨摩亚	26.15
8	韩国	24.95
9	印度尼西亚	24.62
10	马来西亚	19.77
11	俄罗斯	14.87
12	斯里兰卡	14.35

第二节　航运合作基础雄厚

陆上贸易拥有公路、铁路、飞机、管道等多种渠道，不同类型贸易所选用的途径各不相同，近年来科技的飞速发展也使得陆上贸易更加便利。相比之下，海上贸易目前基本仅有航运一种方式，航运在现在和未来很长一段时间内都将是海上贸易最主要的途径，也是支撑全球贸易的最重要途径。作为航运最主要的载体，沿海国家的班轮连通性和码头吞吐量是评价一国海洋经贸合作程度的重要指标。本章中使用集装箱班轮双边连通性指数（liner shipping bilateral connectivity index）和货柜码头吞吐量两个指标，通过数据描述我国与世界各国海洋经贸发展与海上联通合作程度。

一、班轮双边连通性分析

集装箱班轮双边连通性指数是衡量两国之间海上贸易往来和货运能力的重要指标，提供了两国班轮运输在全球网络中的合作密切程度，也能够间接反映两国航运合作中的贸易成本和贸易竞争力。2006—2018 年，全球各国与我国集装箱班轮双边连通性指数排名前十的国家指数值整体呈现稳定的上升趋势，部分国家 2009 年出现一定程度的下降，但此后恢复平稳上升，且 2015 年整体上升趋势最为明显（图 1-5）。排名前十的国家中，平均值最高的为韩国，优越的地理位置为中韩两国航运带来了极大便利。排名第二的为新加坡，拥有亚太地区最大的转口港——新加坡港，也是世界最大的集装箱港口，新加坡港在全球沿海港口行业内拥有相当知名度。紧邻马六甲海峡，马来西亚的巴生港也是联通太平洋和印度洋的重要中转站，因此马来西亚与我国集装箱班轮双边连通性指数在全球各国中排名第三，在我国海上联通和贸易往来中具有重要地位。排名其后的国家，除美国外均为欧洲发达国家，其海上航运能力较强，与我国的航运联通同样拥有雄厚基础。美国作为全球海洋大国，海上航运能力名列前茅，与我国航运联通也十分频繁。其中，尽管日本与我国在地理位置上航运距离较短，但集装箱班轮双边连通性指数值并不高，在全球各国中排名第十二。

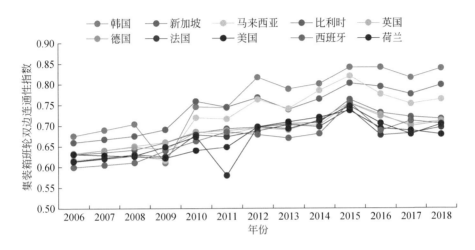

图 1-5　2006—2018 年排名前十国家集装箱班轮双边连通性指数趋势

2018 年在"海丝路"周边国家中，集装箱班轮双边连通性指数值最高的为韩国，为 0.84；排名第二的为新加坡，为 0.80；第三名为马来西亚，为 0.76（表 1-4）。这三个国家既是"海丝路"周边国家中集装箱班轮双边连通性指数值排名的前三位，也是全球各国与我国集装箱班轮双边连通性指数值排名的前三位。韩国与我国比邻而居，是我国前往北冰洋和太平洋的门户；新加坡拥有亚太地区最繁忙的转口港；马来西亚紧邻全球航运命脉马六甲海峡；三个国家地理位置均处于我国"海丝路"海上航运的重要节点，也串联起"一带一路"海上航线，与我国保持较高的集装箱班轮双边连通性指数实至名归。斯里兰卡是印度洋航运的重要节点，其指数值为 0.65，在"海丝路"周边国家中排名第四。意大利为 0.65，排名第五，也是欧洲地区指数值最高的国家，在"海丝路"欧洲地区国家中与我国在航运领域保持着较为密切的合作。指数值在 0.60 及以上的还有越南和葡萄牙。从前几个国家所在地区来看，我国在太平洋沿岸、印度洋沿岸、欧洲沿岸地区均有长期固定、密切的海上航运合作伙伴，串联起我国"海丝路"航运航线。排名其后的国家指数值分布基本比较平均，每 0.1 指数分段中有 6—8 个国家，最低得分为 0.22，整体没有出现较大断层。总体来看，2018 年"海丝路"周边国家与我国集装箱班轮双边连通性指数均在 0.2 以上，班轮双边往来较为密切，但是不同国家间指数值仍有较大差距，部分国家与我国航运往来还有很大的提升空间。

表 1-4　2018 年"海丝路"周边国家集装箱班轮双边连通性指数

排名	国家	集装箱班轮双边连通性指数	排名	国家	集装箱班轮双边连通性指数
1	韩国	0.84	18	印度尼西亚	0.44
2	新加坡	0.80	19	菲律宾	0.43
3	马来西亚	0.76	20	新西兰	0.40
4	斯里兰卡	0.65	21	肯尼亚	0.37
5	意大利	0.65	22	坦桑尼亚	0.36
6	越南	0.61	23	斐济	0.35
7	葡萄牙	0.60	24	孟加拉国	0.31
8	土耳其	0.57	25	柬埔寨	0.30
9	波兰	0.57	26	缅甸	0.30
10	马耳他	0.56	27	莫桑比克	0.28
11	俄罗斯	0.53	28	文莱	0.26
12	南非	0.52	29	马达加斯加	0.24
13	泰国	0.52	30	爱沙尼亚	0.24
14	巴基斯坦	0.51	31	塞舌尔	0.23
15	智利	0.49	32	萨摩亚	0.23
16	吉布提	0.49	33	佛得角	0.22
17	克罗地亚	0.45	34	马尔代夫	0.22

注：相同得分为保留两位小数后四舍五入获得，排名先后为原始指数得分比较结果。

二、货柜码头吞吐量分析

货柜码头吞吐量是指一段时期内经沿海航运和国际航运输出、输入港区，并经过装卸作业的货物总量，以 20 英尺①标准尺寸集装箱（Twenty- feet Equivalent Unit，TEU）为单位。2018 年，全球 50% 的货柜码头吞吐量由 6 个国家占据，其中我国约占全球的 1/4，是货柜码头吞吐量最高的国家（图 1-6）。我国港口规模、货运能力、水深深度、机械化程度与周转能力等均名列前茅，上海洋山深水港、宁波舟山港、天津港、广州港、青岛港、苏州港等众多大型智能规模化港口确保了我国在全球海运物流链中的龙头地位。排名第二的美国仅占全球的 7%，为我国的 1/4，差距明显；排名第三的新加坡占全球的 5%；排名其后的国家分别是韩国、马来西亚和日本，占比均在 5% 以下。尽管这些国家的全球货柜码头吞吐量占比较中国而言并无优势，但其承载着全球航运最重要的节点，在国际、地区间水上交通链的地位非常突出，极大地促进了国际生产经营与运输贸易活动。全球货柜码头吞吐量占比前 50% 的国家中，新加坡、韩国、马来西亚均为"海丝路"周边研究对象国。这三国也为"海丝路"贸易畅通奠定了坚实的基础。

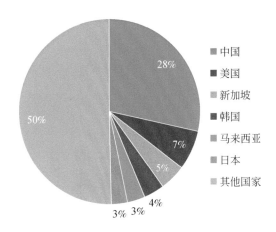

图 1-6　2018 年全球货柜码头吞吐量排名与占比

2005—2018 年，全球货柜码头吞吐量前六位国家占比变化差别较大

---

① 　1 英尺 = 3.048×10⁻¹ 米。

（图1-7）。占比明显呈上升趋势的仅有中国。2005—2009年，中国货柜码头吞吐量占比经历了一轮先上升后下降的趋势，整体未见太大变化。但2010年中国货柜码头吞吐量占比陡然上升，由2009年的21.08%上升至30.28%，增长了近1/2；此后有小幅度下降，但一直维持在28%左右，相较其他国家优势明显。而从货柜码头吞吐量来看，中国除2009年吞吐量出现小幅度下降外，在2005—2018年吞吐量一直维持迅速且稳定的上升趋势。这也能够反映出近年来全球货柜码头吞吐量整体维持着上升趋势。相对地，除中国外的其他五个国家货柜码头吞吐量占比基本都维持平稳或略有下降的趋势，未见其中任一国家占比上升。其中，与中国差距较为明显的是美国。美国的货柜码头吞吐量从2005年的3.85×10^7 TEU上升至2018年的5.47×10^7 TEU，整体维持着平稳的上升态势，但其货柜码头吞吐量的占比却从11.38%下降至7.21%，在货运市场的占比明显下降。整体来看，近年来中国快速发展的港口实力使得我国在全球物流与贸易市场上的重要性不断上升，未来也必将在全球航运市场上占据首把交椅。

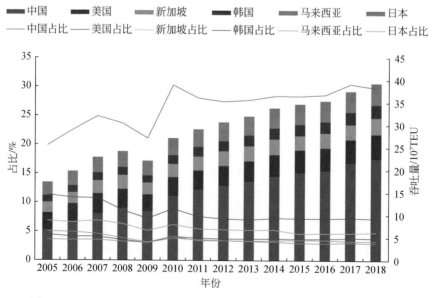

图1-7　2005—2018年全球货柜码头吞吐量前六位国家占比与吞吐量变化

从"海丝路"周边国家货柜码头吞吐量整体来看，2018 年"海丝路"周边国家货柜码头吞吐量约为 2.09×10^8 TEU，承载全球 27.49% 的吞吐量；而若将中国纳入"海丝路"国家范围内，则整体承载全球 57.26% 的吞吐量，吞吐量达 4.34×10^8 TEU。可以说，"海丝路"既是我国的海上贸易大动脉，又是全球航运最主要的线路之一，所有海上经贸合作均离不开"海丝路"航运的支持。

2018 年，"海丝路"周边国家货柜码头吞吐量及其占比差距颇大，各国港口货运能力差距显著（表 1-5）。同为全球货柜码头吞吐量名列前茅的国家，新加坡、韩国和马来西亚三国在"海丝路"周边国家中同样拔得头筹，占比分别为 17.55%、13.88% 和 11.97%。这也是在"海丝路"周边国家中仅有的占比超过 10% 的三个国家，可见它们作为国际海上交通链的地位之突出。排位其后的三个国家是越南、印度尼西亚和泰国，其占比均超过 5%，港口吞吐量同样可观。位于欧洲南部的意大利在海上航运贸易中承载着重要的补给和中转站职能，在"海丝路"周边国家中同样占据了重要的地位，占比为 5.06%。排名十三位以后的国家在"海丝路"周边国家中的占比均不足 2%，港口容量能力有限，在此不予详细展示。从排名靠前的国家来看，亚洲国家的货柜码头吞吐量优势十分明显，尤其是东南亚国家。凭借沟通太平洋与印度洋的优势地理位置，把守马六甲海峡、巽他海峡等重要海上交通要道，东南亚国家在海上航运领域拥有先天优势，其货柜码头吞吐量同样居高不下，是这些国家开展海上贸易的重要桥梁。

表 1-5　2018 年"海丝路"周边国家货柜码头吞吐量及其占比（2% 以上）

排名	国家	货柜码头吞吐量/$\times 10^5$ TEU	在"海丝路"周边国家中的占比/%
1	新加坡	3660.00	17.55
2	韩国	2894.54	13.88
3	马来西亚	2495.60	11.97
4	越南	1637.42	7.85
5	印度尼西亚	1285.30	6.16

排名	国家	货柜码头吞吐量/×10⁵ TEU	在"海丝路"周边国家中的占比/%
6	泰国	1118.52	5.36
7	意大利	1054.71	5.06
8	土耳其	994.30	4.77
9	菲律宾	863.75	4.14
10	斯里兰卡	700.00	3.36
11	俄罗斯	633.53	3.04
12	南非	489.24	2.35
13	智利	466.29	2.24

第三节　劳务输出前景广阔

劳务输出指一国劳动者赴其他国家或地区为国外的企业或机构工作的经营性活动，以及我国的企业或者其他单位以承包境外建设工程项目方式到海外提供劳务的人员流动现象，劳务输出很大程度上反映了国家之间经济、技术与人员的合作密切程度。随着全球经济开放程度不断加大，劳动力供给呈现出多种形式，全球各国劳务派遣和劳务接纳的人数都在不断增加。作为全球港口等基建工程的输出大国，我国对外劳务输出与劳务合作以工程承包方式为主。巨大的国际劳动力市场需求空间和丰富的劳动力资源，为我国对外劳务输出的发展提供了广阔前景。

2018 年，我国向"海丝路"周边国家输出的劳务人数达 13.76 万人，占我国向全球劳务输出的 27.96%。"海丝路"周边国家中，我国向新加坡输出的劳务人数超过 3 万人，排名第一（表 1-6）。作为与我国开展劳务合作最多的国家，新加坡已与我国合作开展了多年劳务输出与合作交流，新加坡华人社区越发庞大，也已形成了颇具规模、规范保障的劳务输出市场，多年来两国在人员流动方面合作频繁。劳务输出人数超过 1 万人的还有印度尼西亚、

巴基斯坦、马来西亚和文莱。我国整体向东南亚国家输出劳务人数较多，且
中国与巴基斯坦的良好双边关系也为劳务输出奠定了基础。

表 1-6 2018 年我国向"海丝路"周边国家劳务输出人数

排名	国家	劳务输出人数	排名	国家	劳务输出人数
1	新加坡	31 317	18	土耳其	809
2	印度尼西亚	16 994	19	斐济	766
3	巴基斯坦	15 989	20	莫桑比克	740
4	马来西亚	14 537	21	南非	676
5	文莱	12 288	22	意大利	563
6	孟加拉国	6 819	23	新西兰	543
7	肯尼亚	4 831	24	马耳他	526
8	马尔代夫	4 739	25	吉布提	366
9	越南	4 074	26	智利	239
10	柬埔寨	3 931	27	马达加斯加	181
11	俄罗斯	3 642	28	波兰	171
12	斯里兰卡	2 471	29	塞舌尔	100
13	泰国	2 336	30	佛得角	79
14	韩国	2 263	31	葡萄牙	22
15	缅甸	2 237	32	萨摩亚	4
16	菲律宾	1 674	33	爱沙尼亚	0
17	坦桑尼亚	1 633	34	克罗地亚	0

从输出劳务人员的组成结构来看，排名前十五位（劳务输出人数超过
2000 人）的国家中，大部分国家以工程承包派出方式为主，劳务合作派出方
式相对人数较少（图 1-8）。其中，排名第一的新加坡与排名第十四的韩国的
人员结构与其他国家相比有较大差别。我国向新加坡输出的劳务人员以劳务
合作派出为主，3 万多名劳务输出人员中仅有 689 名为工程承包派出。尽管
我国向韩国输出的劳务人数不足新加坡的 1/10，但其人员结构相同，2263 名
劳务输出人员中仅有 67 名为工程承包派出。排名第二至第四的印度尼西亚、

巴基斯坦、马来西亚均有1万人以上为工程承包派出，劳务合作派出的人员均不到2000人。相比之下，文莱劳务合作派出的人员略多，有3800人左右。从数据结构可以看出，目前我国劳务输出在大多数国家仍然是以工程建设为主，而其他企业合作领域的劳务输出较少。这种输出方式仅适用于有工程合作或工程承包的国家，若一国近阶段内与我国没有大型工程项目合作，则劳务输出较难维持。相对地，劳务合作派出的人员相对就业范围广、选择机会大，然而这对对方国家劳务需求和经济实力的要求更高，我国仅在新加坡和韩国两个发达国家出现高劳务合作派出人员的结构也明显反映了这一点。

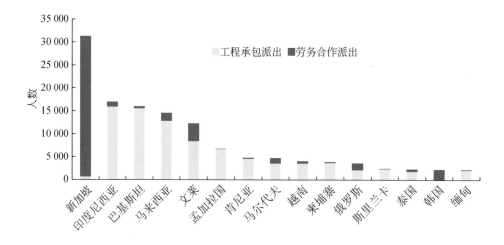

图1-8 2018年我国向"海丝路"周边国家劳务输出人员构成

第二章 "海丝路"海洋经济合作指数与分指数综合分析

　　海洋经济对外合作不仅体现在贸易和经济增长方面，在推动港航基础建设、促进海洋科技进步、达成海洋政治互信等领域均有积极作用。"海丝路"旨在促进"政策沟通、设施联通、贸易畅通、资金融通、民心相通"，为沿线地区的海洋经济合作构筑良好的平台。为更好地推动落实"海丝路"，需要全面客观地反映我国与沿线各国的海洋经济对外合作现状，明确中国及合作伙伴的合作程度与合作实力，从而准确有效地制定海洋经济合作政策与制度。基于此，本章以34个"海丝路"周边国家为研究对象，评估各国与我国开展的海洋经济合作整体发展水平，以助力我国与"海丝路"周边国家的海洋合作向纵深发展。

　　总体来看，"海丝路"海洋经济合作指数得分总体表现出较为稳定的增长趋势。从时间尺度来看，2005—2018年"海丝路"海洋经济合作指数年均增长速度为2.52%[①]，2018年较2005年的增长幅度为38.23%。其中，最高得分为2018年的34.53分。其中个别年份（2012年、2015年）的指数得分略有下降，但紧随其后的第二年得分必然会出现一个明显上升。该趋势说明，各样本国与我国海洋经济整体合作水平存在周期性变化趋势，尽管其中部分年份得分有所下降，但该年度未完成的合作项目、合作工程会在下一年度"爆发"，因此整体呈现出周期性波动且上升稳定的发展态势。

　　从合作政策、基础建设、贸易投资和科技交流四大领域分析，分指数得分趋势各不相同。合作政策分指数整体优势明显，且2013年出现明显上升分界线。这也反映出，2013年是我国正式在国际场合提出"一带一路"倡议的重要时间节点，"一带一路"倡议为国家间政策合作奠定了雄厚的基础，提供了广阔的平台。基础建设分指数整体呈现较为平稳的上升趋势，其较长的项目周期造成该分指数难以形成快速增长的态势，但只要该分指数维持平稳增长态势，对海上贸易、物流交通、经济合作等多方面都是稳定且坚实的基

[①] 本报告中得分数据、增长率、增长幅度等均由原始数据计算获得，个别数值因四舍五入在精度上略有出入，以原始数据计算得分为准。

础驱动力。贸易投资分指数发展较为平稳，未出现明显增长。近年来，全球经济下行压力加大，各类经济活动放缓，我国海洋贸易合作节奏也受到影响。科技交流分指数呈现稳定上升趋势，中间虽有波动但起伏不大，为海洋经济合作提供了推动作用。

第一节 "海丝路"海洋经济合作稳定上升，不同领域合作度差距较小

本研究以2005—2018年各样本国家海洋经济合作指数的平均得分来衡量海洋经济合作水平。由标杆分析法原理可知，海洋经济合作指数得分的高低反映各样本国家与我国海洋经济合作的水平，即指数得分越高，与我国在海洋领域的合作开展得越密切，反之则差距越大。从历史得分变化情况来看（表2-1），"海丝路"海洋经济合作指数得分总体表现出稳定的增长趋势。评价区间合作指数的年均增长速度为2.52%，2018年较2005年的增长幅度为38.23%。其中，最高得分为2018年的34.53分。

表2-1 2005—2018年"海丝路"海洋经济合作指数和分指数得分

年份	指数得分	分指数得分			
		合作政策	基础建设	贸易投资	科技交流
2005	24.98	34.08	10.26	32.73	22.85
2006	26.09	23.82	24.93	33.19	22.43
2007	26.33	27.37	25.23	29.48	23.25
2008	27.14	30.02	26.28	28.33	23.93
2009	27.23	24.04	30.27	30.56	24.06
2010	27.29	25.07	30.12	30.96	22.99
2011	29.51	30.44	29.89	31.65	26.06
2012	27.46	29.27	28.09	27.20	25.30
2013	29.88	38.26	29.66	27.56	24.06
2014	31.66	44.39	30.51	28.42	23.33

续表

年份	指数得分	分指数得分			
		合作政策	基础建设	贸易投资	科技交流
2015	30.65	37.28	30.92	31.02	23.40
2016	33.77	50.59	31.15	29.13	24.21
2017	33.84	44.32	34.59	30.38	26.08
2018	34.53	40.68	34.90	29.57	32.97

从图2-1可以看出，我国"海丝路"海洋经济合作水平上升稳定。相较而言，2005—2010年的指数得分上升趋势并不明显，2011年出现了首个明显的抬升，但紧接其后的2012年合作态势则相对疲软，尽管其得分较2011年有所下降，但与2005—2010年相比得分也仍处于上升态势。2013年之后得分上升走势则十分明显，仅有2015年得分较2014年略有下降，其余年份均明显上升。这也体现出，随着2013年"一带一路"倡议的提出，我国海洋经济对外合作也呈现出良好的走势。抓住"一带一路"倡议契机，大力推动我国海洋经济对外合作，在为"一带一路"倡议的实施增添亮点的同时，也为构建我国对外开放新优势助力。

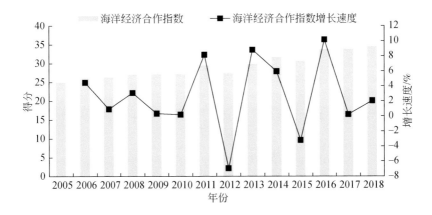

图2-1 2005—2018年"海丝路"海洋经济合作指数得分及增长速度

　　从单一年份指数得分来看，尽管 2012 年、2015 年的指数得分略有下降，但紧随其后的第二年得分必然会出现一个明显上升。该趋势说明各样本国与我国海洋经济整体合作水平存在周期性变化趋势，尽管其中部分年份得分有所下降，但该年度未完成的合作项目、合作工程会在下一年度"爆发"，因此整体呈现出周期性波动且上升稳定的发展态势。

　　2005—2018 年"海丝路"周边国家合作政策、基础建设、贸易投资和科技交流四个领域的海洋经济合作指数和分指数得分变化趋势如图 2-2 所示。总体来看，合作政策分指数得分较高，是我国对外合作的坚实基础。基础建设分指数上升稳定，说明我国近年来在对外工程建设等领域成果突出，且势头良好。贸易投资分指数发展平稳，未出现明显的增长趋势，近年来国际经济环境并不稳定，世界贸易局势日渐紧张，导致我国对外开展经贸合作的压力较大，使该分指数出现较规律的波动，未见明显增长。科技交流分指数较为平稳，但近年来上升趋势明显，将是未来我国开展合作的关键。

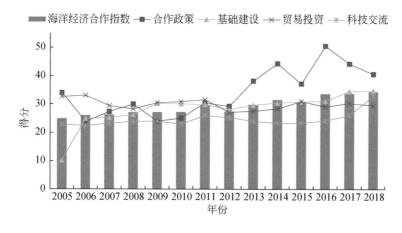

图 2-2　2005—2018 年"海丝路"海洋经济合作指数和分指数得分变化趋势

　　对比来看，年均得分上升势头最迅猛的为合作政策分指数，但其波动也最为明显。不同于贸易投资、基础建设、科技交流三个分指数，合作政策分指数没有较好的延续性，很多国家间的政策交流事件具有突发性与偶然性，因此在指数得分上较难获得延续性发展。其余三个分指数的得分区间较为一致，尤其是基础建设分指数和贸易投资分指数，两者自 2008 年起在波动态势和得分区间上十分接近，部分年份得分甚至出现重合。这显示出，经贸合作离不开基础建设的支持，两者相互促进，也相互牵制。但这两个分指数在 2008 年之前则呈现两极分化的态势：基础建设分指数 2005 年的得分仅为 10.26 分，是四个分指数中得分最低的一个；相反，贸易投资分指数在 2005 年、2006 年得分均在 32 分以上，两者均出现了较为异常的得分。这与样本国家部分统计数据的缺失和历史数据的难获得性相关。科技交流分指数则在 2005—2015 年保持较为平稳的得分，2016 年起呈现快速增长的趋势，说明近年来我国与"海丝路"周边国家在科技交流领域的合作上升势头迅猛。

第二节 合作政策分指数明显上升

合作政策分指数反映了"海丝路"周边国家与我国在政策方向和原则上的一致性及互通性。政策环境深刻影响着一国外交发展方向，是我国对外合作的基础，一方面体现着国家政策的开放包容程度，另一方面体现出一国在国际事务中的参与度和影响力。

合作政策分指数包含互免签证协定、伙伴关系级别、政府间合作/谅解备忘录、领导人国事访问以及双边海洋领域合作谅解备忘录共 5 个指标。互免签证协定反映了我国和样本国间政治信任、国家开放程度；伙伴关系级别是国家间友好程度的重要指标，是外交关系的最直接体现；政府间合作/谅解备忘录对国家间合作方向有指导性意义；领导人国事访问是政治关系良好的体现；双边海洋领域合作谅解备忘录是双边海洋领域合作的方向性与指导性文件，体现我国对外开展海洋领域合作的程度与政策规划。

从 2005—2018 年合作政策分指数得分来看，指标得分基本处于中等水平，基本分布于（25，50），平均得分为 34.26 分（图 2-3）。相较其他三个分指数而言，合作政策分指数整体得分的优势较为明显，其年均得分高出其他三个分指数 4 分以上。由此可见,我国与"海丝路"周边国家海洋合作政策分级现象存在但并不严重。从时间尺度来看,合作政策分指数得分起伏明显,但得分整体呈上升趋势。最高分出现在 2016 年,为 50.59 分。

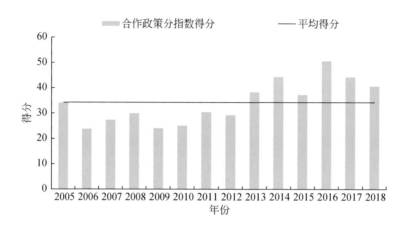

图 2-3　2005—2018 年样本国家合作政策分指数得分变化趋势

由于政策合作不具有延续性,讨论合作政策分指数的年均增长速度不具备太大研究意义。但可以看出,该分指数最明显的分界线出现在 2013 年。2013 年之前,指数得分均在平均得分(34.26 分)以下,而此后的得分则远高于年均得分。2013 年是我国正式在国际场合提出"一带一路"倡议的重要时间节点,在此之后,由于"海丝路"周边国家的积极响应,合作政策分指数得分出现了明显的上升趋势。该趋势也反映出"一带一路"倡议的提出为国家间政策合作奠定了雄厚的基础,提供了广阔的平台。

第三节　基础建设分指数稳定增长

基础建设是我国开展对外合作的重要领域,是经济、贸易、文化、产业等多方面交流的平台和基础。"一带一路"倡议提出以来,中国在推动达成共识的基础上,以基础设施互联互通规划为切入点,以基础设施建设项目为依托，推进与周边国家在水运、民航、邮政等领域的深度合作，推动新进展与新成果。

基础建设分指数包含海运连通指数、货柜码头吞吐量、互联网普及度、海底油气管道与海底光缆以及港口工程建设项目与海外合作平台共5个指标。海运连通指数与货柜码头吞吐量是双边贸易的重要决定因素，也是海洋经济、产品运输、人员交流等活动的重要依赖，一国的海洋运输与承载能力深刻影响着海洋合作发展的效率。互联网是现代社会的重要交流窗口，通信的便利程度很大程度上反映了一国发达与否和对外开放的程度。我国作为工程建设领域大国，近年来对外输出了大量基础建设工程设施，海底光缆、油气管道、建设工程、海外合作平台等均是推动我国对外合作的重要途径，也是海洋经济合作的重要组成部分，有利于形成良好的贸易环境，进而推动海洋经济合作的高效开展和成果的快速共享。

在不考虑异常得分年份对指数整体趋势的影响下，2006—2018年"海丝路"基础建设分指数的平均得分为29.73分，年均增长速度为2.84%，2018年较2006年增长幅度为39.99%（图2-4）。基础建设分指数整体呈现较为平稳的上升趋势，仅有2012年得分相较之前年份略有下降，但2013年起得分一直保持稳定的上升态势，最高分为2018年的34.90分。

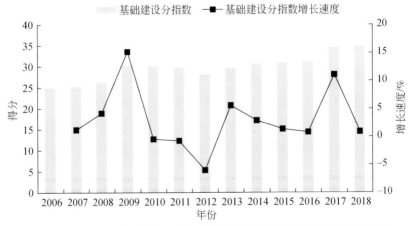

图2-4 2006—2018年样本国家基础建设分指数得分及增长速度变化趋势

整体来看,基础建设分指数得分处于较为稳定的态势,出现下降趋势的年份较少,且得分下降的幅度也较低,整体呈现出缓慢但稳定上升的走向。我国近年来不断从基础建设角度推进对外合作,尤其在海运领域,在海外开展的港口工程建设范围不断扩大,大大提高了海上航运的通达性。基础建设项目拥有持续工期长、运转周期长、前期投入大、效益回馈期长等特点,因此该分指数也较难形成快速增长的态势。但只要该分指数维持平稳增长态势,其将成为海上贸易、物流交通、经济合作等多方面稳定且坚实的基础。

第四节　贸易投资分指数发展平稳

贸易投资分指数反映了我国在对外合作中海洋领域的生产、分配、交换和消费等经济活动的能力及程度。贸易投资分指数包含双边水产品出口贸易合作度、双边水产品进口贸易合作度、我国资本流入占外资流入比率、多边经贸组织参与情况以及渔业商品对外依存度共 5 个指标。双边水产品贸易是我国海洋经济合作中最为基础且重要的环节,对促进生产要素流动、发挥各国优势并获得贸易利益意义非凡,也是衡量样本国家与我国海洋经贸合作的最重要指标。随着国际海洋贸易的发展,各国经贸合作对资本的需求日益旺盛,双边资本流动在衡量两国经贸合作方面有着至关重要的地位。多边经贸组织能够促进全球贸易尽可能自由地流动,在消除贸易壁垒、促进政策互信、助力经济发展中有着不可忽视的作用;国际金融组织在支持国家开放与合作方面进行了大量努力,权威的多边经贸组织不仅体现在金融流通领域,在国家发展、资金援助、国债贷款等方面也拥有相当话语权。其中,为更好地体现"海丝路"周边国家与中国金融合作情况,本研究尽可能选择由中国主导的多边金融或经贸组织作为评价参考,以便更准确地衡量样本国家在多边经贸组织中与中国合作友好的程度。

排除得分较为异常的年份对分指数整体趋势的影响,相较于其他三个分指数,贸易投资分指数在 2007—2018 年并未出现明显增长,发展较为平稳

（图 2-5）。分指数平均得分为 29.52 分，最高分出现在 2011 年，为 31.65 分。从整体得分变化来看，该分指数的得分呈现较规律的波动趋势，基本以 4—5 年为一周期，2008—2012 年、2012—2016 年基本为两个完整的波动周期。

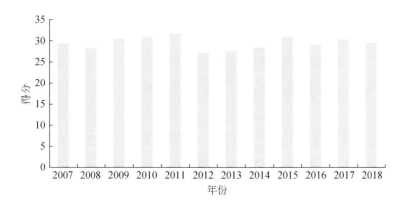

图 2-5　2007—2018 年贸易投资分指数得分变化趋势

　　近年来，全球经济下行压力加大，全球贸易、投资、工业生产等活动放缓态势更加明显，我国海洋经贸合作节奏也有所减缓，使得贸易投资分指数得分不占优势。此外，通过标杆分析法的原理可知，指标平均得分也能反映样本国家得分的两极化差异大小，这在该分指数中得到了充分体现。近年来，我国的对外经贸合作体现出更强的点对点合作和"强强联合"的发展趋势，与优势国家经贸合作更加密切，因此样本国家得分两极分化严重，使用标杆分析法后得分整体较低，在平均得分中不占优势。

第五节　科技交流分指数增速加快

　　科技与文化合作是"一带一路"合作的重要领域，是推进对外交流合作的重要途径，更是对外传播中国文化的重要窗口。科技交流分指数包含以中国为目标受理国的外向型专利申请量、研发支出占 GDP 的比例、友好城市建设、高科技产品出口率以及国际旅游收入占总出口的比例共 5 个指标。专利申请能够体现一国科技进步对我国的市场导向性；研发支出占GDP的比例侧重于科研合作情况以及科技合作的协同性；友好城市建设支持城市间政治、经济、科教文卫等各个领域的交流合作，是城市间开展国际合作的重要手段之一；高科技产品出口率和国际旅游收入占总出口的比例则是近年来全球发展最快、代表性最好的海洋经济指标之一。

整体而言，科技交流分指数呈现稳定上升的趋势，中间虽有波动但起伏不大，且并未出现断崖式起伏，上下浮动都较缓慢（图2-6）。近几年得分增长速度不断加快，尤其是自2016年起，得分呈现明显的上升走势。2018年与2005年相比，增长幅度为44.29%，年均增长速度达到2.86%。最高得分为2018年的32.97分。2018年科技交流分指数得分急速上升也与部分国家指数统计滞后、部分数据不全有关，若仅分析2005—2017年指标得分，则年均增长速度为1.11%，增长幅度为14.14%。

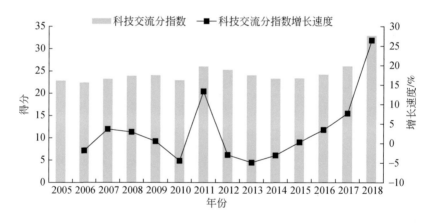

图2-6 2005—2018年科技交流分指数得分及增长速度变化趋势

科技交流是海洋领域对外合作的重要环节，其很大程度上反映了国家间自发的、民间的交流互通程度，以及新兴科技发展程度。不同于合作政策、基础建设和贸易投资三个分指数，这些合作的开展均有赖于国家政策引导或大型企事业单位引领等其他大规模行动；而科技交流领域更多地依赖科研机构、研究人员、普通市民、地方社区等，合作体量小、筹备期短，合作涉及的人员数量与范围相对较小。科技交流除代表着国家政治与经济需求外，还代表着以人为本的合作意愿与合作通达程度。同时，科技交流也有着极大的经济带动与引领作用。近年来，随着我国国民经济实力的不断提升，海洋科研实力飞速提高，科研成果斐然，对海洋经济的拉动作用也不断加大。科技交流分指数的加速上升也为海洋经济的不断发展提供了发展方向。

第三章 "海丝路" 海洋经济合作指数梯次划分

当今时代,海洋在国家经济社会发展中的作用愈加突出。在全球化变革对国家经济贸易实力和对外开放政策制定的影响力愈发突出的社会背景下,海洋不仅是国家安全与国际稳定方面的重要地理空间,更是在经济、金融、贸易、科技、政治、文化等众多领域的国际合作交流中占据着重要位置。因此,有针对性地开展我国与不同国家海洋经济合作的分析比对,对我国未来开展海洋经济合作的规划方向、重点领域、发展趋势等多方面具有指导意义。

基于第二章"海丝路"海洋经济合作指数与分指数综合分析结果,本章将对34个"海丝路"周边国家与我国海洋经济合作指数结果进行梯次划分和归类,并从合作进展、成果、亮点和不足等方面对各梯次得分趋势开展分析。

从梯次划分结果来看,第一梯次包括韩国、俄罗斯等8个国家,整体得分呈现缓慢上升态势,合作势头良好。第二梯次包括印度尼西亚、新西兰等10个国家,表现出与我国较高程度的合作水平,指数得分在2013年出现过一次跨越式上升,整体上升态势稳定。第三梯次包括波兰、土耳其等9个国家,与我国海洋经济合作处于中间水平,得分基本呈现"台阶式"上升态势,发展空间广阔。第四梯次包括缅甸、莫桑比克等7个国家,这些国家与我国海洋领域合作步伐较缓,排名相对靠后,得分具有波动性,为双边海洋经济合作带来了不确定性。

总体来看,优越的地理位置和雄厚的经济实力是"海丝路"周边国家海洋经济合作指数得分处于高位的重要原因。地区政治形势的安全与否和国家经济的稳定与否是影响国家经贸合作的重要因子,也是制约国家对外开放的重要影响因素。目前,我国在海洋经济对外合作方面针对性较强,合作呈现出"强者愈强,弱者愈弱"的现象,应突破现有合作限制,面向更多国家并放合作内容、丰富合作途径,在海洋经济领域增强"一带一路"的合作实力。

第一节 "海丝路"海洋经济合作指数整体梯次划分

本研究共测算了 34 个国家 2005—2018 年"海丝路"海洋经济合作指数得分。根据测算，2005—2018 年"海丝路"海洋经济合作指数平均得分为 29.31 分，可将 34 个样本国家划分为 4 个梯次，各梯次具有明显不同的特征（图 3-1）。

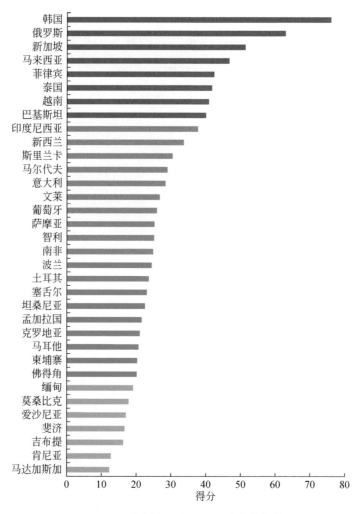

图 3-1 2005—2018 年样本国家海洋经济合作指数平均得分

第一梯次包括韩国、俄罗斯等 8 个国家。其中韩国、俄罗斯、新加坡和马来西亚得分优势明显,菲律宾、泰国、越南和巴基斯坦则是在不同分指数得分上呈现优势,因此整体与我国在海洋经济合作领域优势较其他国家明显。总体来看,第一梯次的国家均存在经济实力较高、区域性合作势头良好的优势。优越的地理位置和雄厚的经济实力是第一梯次国家指数得分处于高位的重要原因。第二梯次包括印度尼西亚、新西兰等 10 个国家,表现出与我国较高程度的合作水平。这些国家同样具有明显的地理区位优势,大多地处海上交通重要节点位置,使得其海洋经济合作程度处于上游。第三梯次包括波兰、土耳其等 9 个国家,这些国家因在不同领域经济开放或对外合作上发展略有欠缺,与我国海洋经济合作处于中间水平,发展空间广阔。第四梯次包括缅甸、莫桑比克等 7 个国家,这些国家与我国海洋领域合作步伐较缓,在国家经济实力、开放程度、政策制度、社会稳定等方面表现出不同程度的不足,因此指数得分排名靠后。

不难发现,具有发达经济水平的优越地理位置的国家基本位于第一、第二梯次,而地处非洲、大洋洲的经济实力较弱、开放程度较低、社会不稳定性较高的国家则大多处于第三、第四梯次。地区安全与稳定、国家经济实力和对外开放程度等都是制约我国与这些国家海洋经济合作的最重要因素。

第二节 不同梯次国家地区分布差异

四个梯次中,各地区国家分布的数量差别较大,反映出不同地区国家在海洋经济领域的开放程度以及与我国合作程度各不相同。因此,按照洲际分类四个梯次中的国家组成,可以较好地反映我国与"海丝路"周边国家海洋经济合作的区域差异性。在《"一带一路"建设海上合作设想》重点建设的三条蓝色经济通道中,南美洲国家经由大洋洲岛国与我国相连,因此在地区分类时将南美洲国家与大洋洲国家合并开展讨论(图 3-2)。

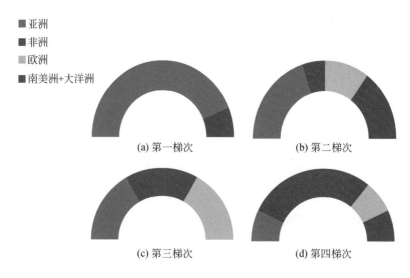

图3-2　2005—2018年各梯次国家地区分布

　　第一梯次仅包含亚洲和欧洲两个地区的国家。其中，欧洲国家仅有俄罗斯。亚洲国家凭借优越的地理位置和活跃的经济模式，与中国的海洋经济合作优势明显。第二梯次10个国家中，亚洲国家仍然占据较为明显的优势，数量接近一半。此外，非洲的南非、南美洲的智利和大洋洲的新西兰、萨摩亚同样出现在这一梯次中。南非是非洲经济最发达的国家，也是中国在非洲的第一大贸易伙伴；智利是第一个同我国建交的南美洲国家，也是该地区首个与中国签署自由贸易协定的国家；新西兰是首个承认中国完全市场经济地位的国家；萨摩亚则与中国在渔业等经贸领域合作成果突出。这些国家均在不同海洋经济领域与我国合作密切，因此整体上也占据了优势地位。第三梯次中，亚洲、欧洲和非洲国家基本呈现等比分配，未出现南美洲和大洋洲国家。第四梯次中，非洲国家占绝大多数，其他各地区国家均有分布。

　　五个地区中，亚洲国家数量最多，在四个梯次中均有出现，但整体数量仍然以前两个梯次为主，后两个梯次较少。整体趋势与之相反，非洲国家则是在后两个梯次中出现较多。尽管我国近年来大力推动与非洲国家的合作项目,但非洲国家本身经济欠发达、国家安全程度较低、环境不稳定性高等问题制约了海洋经济合作。欧洲国家在四个梯次中出现较为均衡,南美洲和大洋洲国家分布也较为平均。尽管国家经济实力是重要的影响因素,但与我国海上航线距离越长,与我国海洋经济合作的难度就越大,达成同等经济合作的需求也就越高,这也制约了一部分国家与我国进展海洋领域合作。

第三节 第一梯次海洋经济合作指数得分分析

2005—2018 年"海丝路"海洋经济合作指数得分第一梯次包括韩国、俄罗斯、新加坡、马来西亚、菲律宾、泰国、越南和巴基斯坦 8 个国家,其中仅有俄罗斯唯一一个欧洲国家,其他 7 个均为亚洲国家,东盟国家占绝大多数(图 3-3)。韩国与我国比邻相望,双边经贸合作关系一直处于稳步、健康、快速发展中,韩国雄厚的国家经济实力与中韩两国密切的海洋高新科技合作,是维持我国与韩国高水平海洋经济合作的重要领域。俄罗斯毗邻我国,

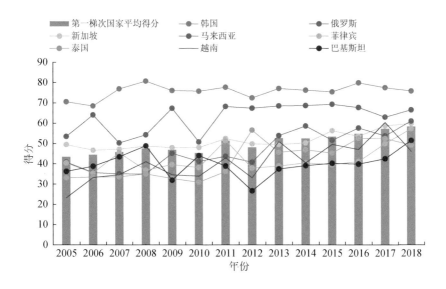

图 3-3 2005—2018 年第一梯次国家海洋经济合作指数得分

具有明显的地理区位优势，且与我国的战略伙伴关系已建立 30 余年，是我国在外交领域第一个建立伙伴关系的国家，优越的政治合作历史是保障我国与俄罗斯海洋经济合作的重要基石。巴基斯坦与中国保持多年友好关系，中巴两国长期共同进退，且在多个国际组织中均保持着相同立场，对海洋经济合作提供了强有力的支撑，成果同样十分显著。东盟国家地处太平洋与印度洋之间，把守海上交通要道，拥有绝对的地理位置优势，大量转运港口也是我国南向海上航运的必经之路，因此海洋经济合作指数得分水平较高。

从第一梯次国家海洋经济合作指数平均得分来看，2005—2018 年整体处于缓慢上升的趋势，其中仅有 2010 年、2012 年的得分较上年略有下降。从整体得分趋势分析，2018 年第一梯次 8 个国家平均得分为 58.36 分，较 2005 年（43.40 分）的上升幅度达 34.47%。

从国家角度来看，不同国家指数得分变化趋势截然不同。韩国和俄罗斯的指数得分一直遥遥领先，2005—2018 年韩国得分一直稳居第一；俄罗斯得分则波动较大，2007 年、2010 年得分出现明显下降，2011 年得分回升，此后基本保持稳定。但整体上两国得分维持着稳定的第一和第二名，与其他国家差距明显，占据 34 个样本国家中的绝对领先地位。整体得分排名第三的是新加坡，尽管其得分在起始时优势较为明显，但一直较为平缓发展，相较其他国家上升势头较缓慢，因此在研究区间的中后期得分被多个国家超越。马来西亚得分在初期优势并不明显，但 2012 年之后迅速攀升，2018 年已超过新加坡排名第三。泰国在 2005—2010 年得分平稳，2011 年迅速上升，2012 年达到最高分（56.58 分），其后得分略有回落，但整体与 2010 年之前相比得分上了一个台阶，且得分保持平稳发展。越南在 2005 年得分为第一梯次中最末，但 2018 年得分较 2005 年翻了近一番，增长幅度最大；但其得分整体维持波动上升的趋势，发展并不稳定。菲律宾则在 2016 年之前维持波动，未见明显的稳定上升态势，甚至有个别年份下降明显；2017 年和 2018 年菲律宾得分明显上升，这与中菲两国迅速升温的外交关系息息相关。巴基斯坦作为第一梯次中唯一一个南亚国家，其得分以 2012 年为分水岭，2012 年之前维持得分较高但稳定性较差的态势，至 2012 年呈现明显的下降；但之后得分维持较为稳定且上升明显的发展态势，未来中巴两国海洋经济领域合作可期。

第四节 第二梯次海洋经济合作指数得分分析

据 2005—2018 年"海丝路"国家海洋经济合作指数得分结果，第二梯次国家包括印度尼西亚、新西兰、斯里兰卡、马尔代夫、意大利、文莱、葡萄牙、萨摩亚、智利和南非 10 个国家（图 3-4）。其中，南非是该梯次中唯一一个，也是得分最高的非洲国家；智利是得分最高的南美洲国家；斯里兰卡和马尔代夫均为南亚岛国，意大利和葡萄牙则是除俄罗斯外得分最高的两个欧洲国家；还有两个大洋洲国家和两个位于东南亚地区的东盟国家。第二梯次中包含的国家是 4 个梯次中组成最复杂多元的一个梯次，四大洲重要沿海合作国均有出现，说明我国"海丝路"海洋经济合作的多向延伸。

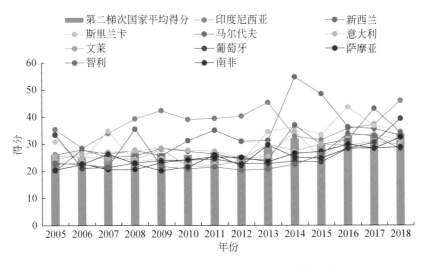

图 3-4 2005—2018 年第二梯次国家海洋经济合作指数得分

第二梯次国家海洋经济合作指数得分整体处于缓慢上升的趋势。从得分增长幅度来看，2018 年该梯次年均得分为 33.82 分，较 2005 年（26.25 分）

的上升幅度达 28.84%。从得分变化发展趋势来看，2012 年为第二梯次国家得分的分水岭。2005—2012 年，第二梯次国家得分整体维持在 26 分左右，中间有小幅度上升，但并未维持；2013 年开始得分迅速上升，且之后基本维持在 30 分以上水平，整体有较大幅度上升。

从单一国家角度来看，各国指数得分发展趋势各不相同。保持相对优势较为明显的国家为印度尼西亚。2005—2013 年，印度尼西亚得分在第二梯次中明显处于优势位置，且大部分年份与其他国家差距明显，最高分出现在 2013 年的 45.34 分。而 2014 年之后印度尼西亚得分出现明显下降，2015 年跌至 31.53 分，在该梯次中优势不复存在。此后印度尼西亚得分重新恢复上升态势，2018 年重回第二梯次第一位置，得分也攀升至 45 分以上，未来发展态势仍待观望。得分变化最明显的国家为新西兰。新西兰得分在 2013 年之前一直维持较稳定的上升态势，在第二梯次国家中并不突出，2014 年得分由上一年的 31.32 分跃至 54.76 分，涨幅达 74.84%，成为第二梯次中得分最高的国家；此后优势并未能够得到保持，而是一路迅速下降，至 2016 年跌至 36.28 分，并在此后两年一直保持缓慢下降的趋势。这也反映出，新西兰与我国海洋经济合作的"爆发"性较强，单一年份的大幅度上升仅反映当年的海洋经济合作成果较为突出，但并不能代表国家间长期合作发展态势。2018 年与 2005 年相比，得分上升幅度最大的国家为马尔代夫，海洋经济合作指数得分上升幅度达 70.47%。整体得分较突出的还有斯里兰卡。斯里兰卡与我国的海洋经济合作整体保持"高—低—高"的走势，2008—2012 年保持了相对较低的得分，自 2013 年起得分明显上升，尽管仍然存在起伏，但合作态势较之前已有大幅度提升。其余国家上升幅度基本一致，变化幅度较小。

第五节　第三梯次海洋经济合作指数得分分析

构成"海丝路"周边国家海洋经济合作指数第三梯次的国家包括波兰、土耳其、塞舌尔、坦桑尼亚、孟加拉国、克罗地亚、马耳他、柬埔寨和佛得角9个国家（图3-5）。其中，波兰为该梯次得分最高的国家；土耳其横跨亚欧大陆，是连接亚欧的十字路口；柬埔寨是该梯次中唯一一个东盟国家；还有1个南亚国家（孟加拉国）、3个欧洲国家和3个非洲国家。从地区构成来看，第三梯次作为本研究中偏后排序的国家集合，亚洲、欧洲和非洲国家均有出现，这也反映出与我国开展海洋经济合作的"海丝路"周边国家地区差异、个体差异较大，仍然具有大量合作空间。

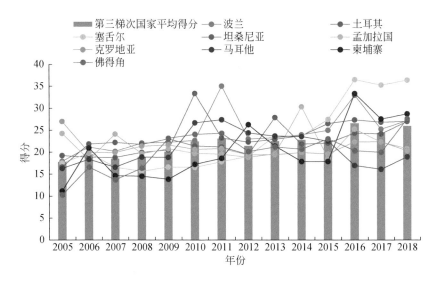

图3-5 2005—2018年第三梯次国家海洋经济合作指数得分

第三梯次国家海洋经济合作指数得分整体呈现缓慢但稳定的上升趋势，2005年得分为17.79分，2018年得分为25.97分，增长幅度为45.98%。尽管整体得分仍然处于测算国家中等偏下位置，但在较低的初始得分衬托下，相较前两个梯次来说上升更为明显。从得分趋势来看，第三梯次国家整体得分基本呈现"台阶式"上升。第一阶段为2005—2009年，该阶段得分基本维持在20分以下，维持稳定；第二阶段为2010—2015年，得分基本维持在（21，22），保持平稳；第三阶段为2016—2018年，尽管仅有3年，但2016年起第三梯次国家得分呈现出明显的上升趋势，得分一跃上升至25分左右，尽管稳定性与前两个阶段相比较差，但整体的上升趋势仍然不可阻挡。该梯次国家整体得分的稳定上升为我国与这些国家后续深入开展海洋经济合作展现出良好前景。

从各国得分来看，第三梯次并未出现得分优势明显的国家，土耳其、波兰、孟加拉国等均在不同年份测算出单一年份优势指数得分，但并不能得到保持。波兰作为第三梯次中得分排名第一的国家，得分峰值出现在 2011 年，为 35.03 分，整体得分波动明显。排名第二的土耳其除了 2010 年得分陡然上升外，整体基本维持稳定的上升趋势。塞舌尔得分上升速度最快，2012 年之前一直保持在 20 分以下水平，此后明显上升，2016 年一跃成为该梯次首位，得分上升至 36.49 分，且在此后两年中明显保持了其优势地位，维持在 35 分以上，与 2005 年得分相比翻了一番，未来可期。其余国家得分基本呈现波动上升态势，仅有克罗地亚得分呈现明显负增长，2018 年较 2005 年得分增长幅度为-24.87%；且 2005—2018 年基本保持缓慢下降的态势，相较其他国家合作态势发展并不明朗。尽管佛得角是该梯次中得分排名最末的国家，但佛得角是 34 个 "海丝路" 周边国家中指数得分上升幅度最大的一个，2018 年（27.60 分）与 2005 年（10.26 分）相比，上升幅度达到了 169.01%。近年来中佛两国开展的海洋经济合作成果丰硕，作为把守欧洲与南美、南非间交通要冲的东非岛国，中佛两国飞速发展的海洋经济合作水平也是我国延伸 "海丝路" 的重要举措。

第六节　第四梯次海洋经济合作指数得分分析

第四梯次为研究最末梯次，包括缅甸、莫桑比克、爱沙尼亚、斐济、吉布提、肯尼亚和马达加斯加 7 个国家（图 3-6）。第四梯次国家地理位置均距我国较远，存在与其他国家联络成本高的现实困境，且各国均在不同程度上存在国家经济体量较小、工业基础薄弱、政治形势不稳定或社会安全受到威胁等问题，尤其几个非洲国家是世界上最不发达的国家，因此给 "海丝路"

海洋经济合作带来不同程度的负面影响，导致整体得分相对较低。

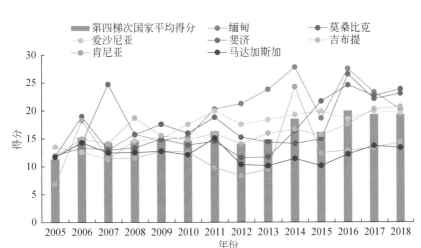

图 3-6　2005—2018 年第四梯次国家海洋经济合作指数得分

第四梯次国家得分保持在 20 分以下，整体得分偏低，但也一直保持着明显上升的趋势。相较 2005 年的 11.36 分，2018 年得分上升了 69.89%，达 19.30 分。得分具有波动性，2007 年、2012 年与 2015 年得分出现明显下降，尽管其后又迅速上升，但也为双边海洋经济合作带来了不确定性。

第四梯次各国得分整体上波动较大，如 2007 年莫桑比克的明显上升，2014 年肯尼亚的明显上升，2015 年缅甸的明显下降以及 2016 年莫桑比克、缅甸的迅速上升。相比之下，爱沙尼亚和吉布提则一直保持着较稳定的上升趋势，未出现单一年份的明显波动。马达加斯加则是保持稳定的最后一名，且年度得分未出现太大波动。其余的非洲国家得分均保持快速上升的趋势，得分最高的为莫桑比克，2015 年之前除 2007 年的陡然上升外，基本保持在 15 分上下波动，自 2016 年起维持在 20 分以上水平，合作成果突出；肯尼亚在第四梯次中得分并不靠前，2005 年仅为 6.84 分，为 34 个国家中得分最低，相比之下，2018 年的得分（14.32 分）已经翻了一番多，上升势头明显。太平洋岛国斐济得分自 2013 年起涨势迅猛且稳定维持高位，2018 年得分较

2005 年翻了一番。缅甸作为第四梯次中唯一的亚洲国家，也是东盟国家中得分最低的一个，其得分在第四梯次维持着领先水平。2014 年之前缅甸得分稳定迅速的上升，2014 年达到峰值（27.77 分），但此后起伏明显，合作态势较不稳定。

第四章　地区视角看"海丝路"海洋经济合作指数

区域性合作是指某一个区域内两个或两个以上的国家，通过实行联合或组成区域合作团体，实现专业化分工和进行产品与服务的交换而采取共同的合作政策，以维护共同的经济利益与政治目标。21世纪全球经历过数次金融危机和国际形势重大变化，对各国经济产生了深刻影响。面对21世纪世界经济发展及区域经济合作的新形势，各国加强合作的愿望不断增强，已初步形成了多层次、多架构、多形态的合作机制，地区合作的前景广阔。区域性合作是世界经济变革和贸易国际化发展的表现，在世界范围内，区域性合作在多个领域均有体现。全球性区块链的迅猛发展已成为世界政治、经济、安全、人文等领域合作进程的显著成果。对制定符合国际形势变化的区域经济合作政策并建立规范高效的管理机制，深入认识和把握现有区域合作情况至关重要。促进各经济体和地区内部及彼此之间高效、顺畅的全球价值链连接，已成为处于不同发展阶段国家和经济体的关注重点。如何实现区域与全球合作高质量、高水平发展，是目前各发展阶段国家与区域关注的焦点。

通过对"海丝路"海洋经济合作指数各梯次分析及国别重点分析，对中国的海洋经济对外合作现状及国家合作发展情况进行研究。单一国家的指数测算与排序针对性较强，但缺乏对区域合作整体性及发展趋势开展分析与预测的功能。因此，本章通过地区视角，对我国与亚洲、非洲、欧洲以及南美洲和大洋洲的区域海洋领域合作进行分析，总结不同区域合作特征，并为未来我国面对不同区域海洋经济合作方向规划提供支撑。

从区域角度分析"海丝路"海洋经济合作指数发现，亚洲国家基本位于样本国家的"先头部队"，这与其有利的地理位置和发达的经济水平息息相关。而中欧洲国家和南美洲、大洋洲国家则大部分处于中游，航程距离、国家开放程度等是影响我国与这些国家开展海洋经济合作的主要因素。非洲海洋经济合作指数得分最低，地区稳定性、国家经济实力度等是制约我国与这些国家开展海洋经济合作的主要因素。各区域合作重点与优势领域均不相同。亚洲合作政策分指数得分优势明显且上升较快，基础建设分指数同样较高；欧洲各分指数得分基本保持一致；南美洲、大洋洲则是贸易投资分指数一马当先，合作政策分指数跨越式上升；非洲与其相似，同样是贸易投资引领海洋经济合作发展。

第一节　亚洲区域海洋经济合作指数得分分析

亚洲是全球面积最大、人口最多的一个洲，各地区、各国家经济发展水平和社会结构差异显著，是测算地区中组成最为复杂的一个洲。本研究中"海丝路"周边国家主要位于亚洲，尤其以东南亚和南亚地区富集国家居多。由于地理位置相近、合作历史源远流长，近年来部分东盟国家虽在海洋边界问题上与我国存在争议，但区域合作基础较高，国家经济实力较好，整体合作趋势较其他地区密切，是与我国合作指数得分最高的一个洲。本研究将土耳其归为亚洲国家，主要基于以下理由：①从国家政策趋向来讲，尽管土耳其为北约国家中的一员并在积极申请成为欧盟国家，但一直未得到批准；②从人口结构和社会形态来讲，土耳其的宗教、人口、文化、经贸等环境更偏向于亚洲国家；③从国土区位来讲，土耳其大部分国土位于地理学定义中的亚洲板块上，且"海丝路"的连接更多地依靠港口位置和地理区位，因此在地理范畴中，土耳其也应归为亚洲国家。综上，此次地域划分中将土耳其归为亚洲国家，与其他亚洲国家合并开展讨论。

本研究亚洲区域海洋经济合作指数得分使用巴基斯坦、韩国等 15 个国家的海洋经济合作指数及四个分指数平均得分表示（图 4-1）。整体来看，亚洲区域得分十分稳定，并呈现缓慢上升态势。整体得分均在 30 分以上，自 2016 年起得分达到 40 分以上，最高得分（42.87 分）出现在 2017 年，各年份得分上升稳定。2018 年较 2005 年上升幅度达 35.77%，合作形势良好。

四个分指数中，基础建设分指数在 2013 年之前较其他分指数保持了一定的优势，但 2013 年之后合作政策分指数得分迅速上升并跃至首位，尽管其波动较为明显，但整体已与其他分指数拉开了差距。2013 年是我国提出"一带一路"倡议的年份，自此我国对外合作，尤其是与亚洲国家的经济合作有了

图 4-1 2005—2018 年亚洲区域海洋经济合作指数及分指数得分趋势

最主要的合作方针和合作路线,因此合作政策分指数得分在 2013 年形成分水岭。但相较其他分指数较平滑的波动态势,合作政策分指数的上升和下降都没有太明显的趋势性变化。这也是由于国家间政策合作相较经济和贸易等领域具有突发性和偶然性,延续性则相对较差,在得分显示上难以提取较为统一的变化趋势。其他三个分指数得分则基本呈现缓慢但稳定的上升走向。基础建设分指数上升最快,优势明显;科技交流分指数平稳增长,且上升速度愈发加快;贸易投资分指数得分与科技交流分指数得分相近,但趋势不如科技交流分指数乐观,具有略微下降的趋势,近几年出现回升,但与基础建设分指数的差距仍然明显可见。亚洲地区海洋经济合作主要由合作政策和基础建设带动,贸易投资与科技交流相较贡献较小,未来有巨大发展空间。

第二节 非洲区域海洋经济合作指数得分分析

非洲是"海丝路"重要战略经济发展区域。本研究非洲区域选择佛得角、肯尼亚、吉布提、马达加斯加、莫桑比克、南非、坦桑尼亚和塞舌尔 8

个国家。样本国家中的非洲各国普遍与我国建交时间较早,双边关系稳定健康发展。整体来看,我国在非洲推进的"海丝路"建设已取得一定程度的积极进展与坚实成果,但非洲地区国家整体面临经济落后、工业基础薄弱、政治形势不稳定、卫生安全威胁性大等问题,对其开展国际合作造成不同程度的阻碍。从各地区平均得分比较来看,非洲地区为本研究中指数得分最低的一个洲。

非洲地区海洋经济合作指数得分虽略有波动,但整体保持稳中有进的发展趋势(图 4-2)。2005 年得分为 13.38,2016 年起突破 22 分,且在此后两年内维持平稳。以相邻年份结果比较来看,下降程度最大的年份为 2012 年,但该年得分依旧保持在 16 分以上,较 2005 年的起始值有了明显提升。从分指数结果可以看出,2012 年得分的下降源于四个分指数得分一致降低。

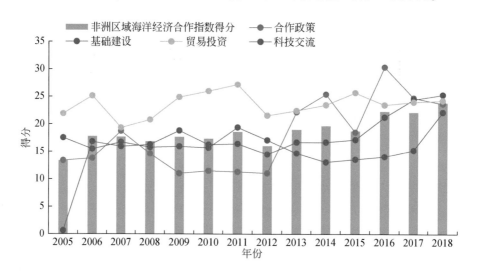

图 4-2　2005—2018 年非洲区域海洋经济合作指数及分指数得分趋势

从四个分指数角度分析,非洲整体发展趋势较不稳定,分指数得分的波动较大,且不同分指数间的得分差距也十分明显。得分优势明显的为贸易投资分指数。尽管我国与非洲各国在经贸合作的体量上无法与亚洲国家相比,但由于其国家经济实力较弱,我国作为其海洋经济合作的最重要伙伴,对非洲国家而言，与我国的双边海洋经贸合作无疑是拉动经济发展的重要因素。基础建设分指数在 2005 年得分极低，近乎为零；但自 2006 年起得分有了迅速且稳定的上升，这说明我国与非洲国家在海洋基础建设，如码头、港口、自贸区等领域有了良好发展，为双边经贸合作打下了优势基础。由于非洲国家离我国距离较远，且科技实力欠佳，与我国开展的海洋领域科技合作十分欠缺；但由于非洲国家拥有独特且丰富的自然景观资源，近年来非洲旅游项目居高不下，旅游成为非洲国家财政收入的支柱之一，民间合作仍然维持着较好势头；同时，原始的海洋生态环境与独特的热带海洋资源也使得非洲成为全球海洋科研的重要试验场，未来将有更多海洋科研合作的可能。合作政策分指数的得分则呈现明显的平台式上升，2012 年之前得分较低，但随着2013 年"一带一路"倡议的提出与习近平主席短期多次访问非洲推动的大量双多边协议，合作政策分指数陡然上升，中国与非洲国家海洋领域合作进入"蜜月期"，未来可期。

第三节　欧洲区域海洋经济合作指数得分分析

"海丝路"西向延伸至中东欧国家，北向连接俄罗斯、北欧等国，均属于欧洲板块范围内。本研究欧洲区域选择了南欧的克罗地亚、马耳他、意大利、葡萄牙，东欧的爱沙尼亚、俄罗斯，以及位于中欧的波兰。欧洲国家基础建设良好、社会发展迅速，且与我国多年来一直保持密切的友好伙伴关系，各层次、各领域的交流与合作不断深化，得分整体维持较高水平。发达的国家经济实力与传统海上强国历史，是我国与欧洲国家开展海洋经济合作的坚实基础；但较远的海上距离成为我国与欧洲国家开展海上合作的隔阂，同时欧盟的密切合作关系、与北美国家较近的地理优势也是欧洲国家与我国较少开展海洋领域合作的重要原因。随着我国海上整体实力与国家经济实力的飞速发展，欧洲近年来不断拉近与我国海洋合作，得分也因此保持着中偏上的水平，未来仍然具有发展空间。

欧洲区域海洋经济合作指数得分呈现比较明显的周期性变化，起伏虽小但总得分基本保持以 3—4 年为一个周期的波动，整体得分呈现缓慢增长的态势（图 4-3）。2005 年正处于这一周期的中后期，得分为 26.56 分；此后降至 2007 年的 23.81 分结束这一周期，2007 年得分也是欧洲地区最低得分；2007—2010 年、2010—2012 年、2012—2015 年、2015—2017 年各为一个周期；2018 年最高得分 31.91 分，该得分与 2011 年得分基本相同，较 2005 年增长 20.14%。

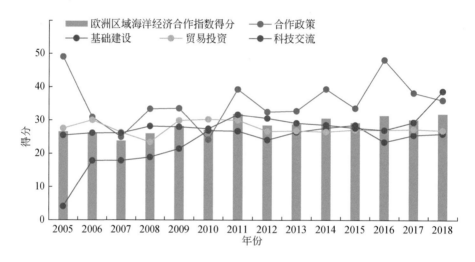

图 4-3 2005—2018 年欧洲区域海洋经济合作指数及分指数得分趋势

四个分指数中，得分最高的为合作政策分指数，也是波动最大的分指数。尽管各年合作政策分指数得分没有较好的延续性，个别年份也出现了异常得分现象，但分指数得分整体仍然表现出缓慢上升的发展态势。基础建设分指数 2005 年得分异常低，2006 年起呈现稳定的上升趋势，至 2010 年基础建设分指数维持稳定，在 25 分左右，略有波动。贸易投资分指数则呈现平稳的发展态势，一直维持在 27 分左右，未见明显上升或下降。与之相近的科技交流分指数则在 2016 年之前保持平稳，但 2017 年起大幅度上升，2018 年甚至超过排名第一的合作政策，成为该梯次中得分第一的分指数。这与欧洲发达的海洋科技实力与不断推进的民间交流息息相关。

第四节　南美洲、大洋洲区域海洋经济合作指数得分分析

　　"海丝路"南向航线由中国出发，经过中国南海后向南延伸经大洋洲至南美洲，是重点建设的三条蓝色经济通道中，途经国家最分散的一条。由于南美洲国家普遍与我国建交较晚，在政治、经济、文化等领域数据分析时较难进行横向比对，研究仅选取南美洲的智利。智利拥有较高的国际竞争力、稳定的政治环境和全球化的、自由的经济环境，是拉丁美洲经济较发达的国家之一，也是第一个同中国建交的南美洲国家，两国在双、多边领域均保持着良好合作。此外，拥有南极门户城市，智利的蓬塔雷纳斯也是我国开展南极探索的重要途经点。大洋洲国家经济发展水平差异显著，研究选取的样本国家既包括经济发达的新西兰，也包括经济落后的萨摩亚、斐济。尽管萨摩亚、斐济的经济实力相对较弱，但近年来大洋洲岛国与中国在海洋经济领域开展了大量合作，是我国南向蓝色经济通道中的重要节点。

　　整体来看，南美洲、大洋洲区域海洋经济合作指数得分呈跨越式上升（图4-4）。2005—2013年，得分维持在（20，25），偶有起伏但整体波动不大。2014年是中国与南美洲和大洋洲国家海洋经济合作飞速发展时期，指数得分由上一年的21.80分上升至30.04分，增幅达37.80%。此后一直维持在30分左右，虽随着发展略有下降，但整体已大幅度提升，合作成果斐然。

　　四个分指数中，贸易投资分指数一直保持着较高得分，大部分年份维持在40分以上，最高得分出现在2015年的51.37分，与其他分指数相比优势明显。该结果与非洲地区的贸易投资结果相似，都是由于国家经济体量较小，而中国作为南美洲大洋洲国家对外合作的最重要伙伴之一，与中国的双边海洋经贸合作成为拉动国家海洋经济最主要的动力，也是推动国家经济发展的最重要因素之一。合作政策分指数得分波动幅度较大，2005—2013年基本保

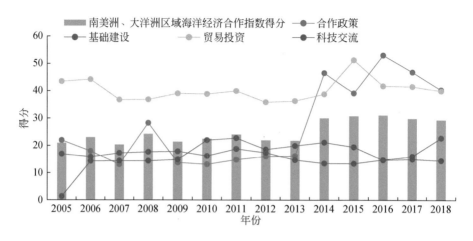

图 4-4　2005—2018 年南美洲、大洋洲区域海洋经济合作指数及分指数得分趋势

持平稳，仅有 2008 年得分剧增，达到 28.30 分，但之后又恢复之前得分趋势；在 2014 年得分迅猛上升，攀升至 46.67 分，并于此后一直维持 39 分以上水平，2016 年达到峰值 53.13 分，也是该区域所有分指标中最高的得分。该分指数的得分波动对整体海洋经济合作指数得分影响最大，这也反映出政策环境的变动能够对海洋经济合作产生巨大影响。中国与智利、几个太平洋岛国在 2008 年和 2016 年均开展了国事访问，并借此契机签署了大量合作谅解备忘录，国家间政策沟通程度较高，也带动了一系列后期经贸合作。基础建设和科技交流两个分指数的得分区间趋势较为一致，其中基础建设分指数 2005 年得分极低，此后迅速升高并一直维持平稳发展；科技交流分指数则基本保持稳定，自 2016 年起迅速提升，未来具有极大发展空间。

第五章 "海丝路"海洋经济合作指数预测与展望

第一节　"海丝路"海洋经济合作指数与分指数增长率变化

对"海丝路"海洋经济合作指数和四个分指数增长率开展分析，既能反映不同分指数间的变化趋势与发展规律，也能够对未来海洋经济合作的重点方向与领域开展预判，是归纳和分析我国与"海丝路"周边国家海洋经济合作趋势的重要方法与手段。整体来看，我国"海丝路"海洋经济合作指数和四个分指数增长率变化具有较大差别，不同领域间合作趋势各不相同。

2005—2018 年，"海丝路"海洋经济合作指数得分增长率变化区间为 –10%—15%（图 5-1）。从单一年度增长变化来看，仅有两年出现负增长，且负增长幅度并不大，其余年份均维持较平稳的正向增长，发展趋势良好。四个分指数得分变化差别较大，相对较为平稳的是基础建设分指数和科技交流分指数，合作政策分指数和贸易投资分指数则起伏剧烈。基础建设分指数除 2006 年增长率为 142.91% 外，其余年份基本维持正向增长，增长幅度在 –10%—20%。基础建设既是我国开展国际合作的重要领域，也是推动后续经贸合作与海上交流的基石。然而，近年来我国快速发展的基础建设能力也引起了部分国家的恶意关注，对我国基建推向海外造成了阻碍。因此，缓慢而稳健地推动我国海洋领域基础建设向"海丝路"周边国家延伸，为海洋经济合作打下基础，是推动基础建设合作应采取的措施。科技交流分指数增长率保持在 –10%—30%，负增长年份较多，但其负增长率较小；相对地，正增长率维持较快发展，尤其是 2018 年增长率最高，为 26.44%，是推动我国与"海丝路"周边国家海洋经济合作的重要力量。贸易投资分指数受全球经济压力加大、各类生产贸易活动速度放缓的世界发展态势影响较大，导致我国海洋贸易投资合作节奏也有所减缓，增长态势不稳定性强，个别年份出现了较大的负增长，但整体上贸易投资分指数仍然是正向增长年份较多，未来发展有待观望。合作政策分指数波动最为剧烈，正负增长率均较高，难

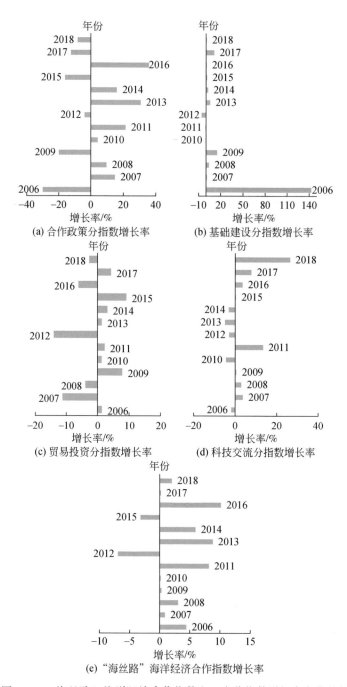

(a) 合作政策分指数增长率

(b) 基础建设分指数增长率

(c) 贸易投资分指数增长率

(d) 科技交流分指数增长率

(e) "海丝路"海洋经济合作指数增长率

图 5-1　"海丝路"海洋经济合作指数和四个分指数增长率变化趋势

以较好归纳整体发展规律。国家间政策合作不同于其他领域合作，大多不具备线性发展规律，偶然性较强，因此指数得分的陡然上升和下降均是正常现象。

第二节　海洋经济合作指数预测分析

研究采用趋势外推法对"海丝路"海洋经济合作指数得分进行预测。根据散点图做出拟合回归线，发现指数形式（$y = 1 \times 10^{-20} \mathrm{e}^{0.0244x}$，$R^2 = 0.9245$）和多项式形式（$y = 0.0325x^2 - 130.02x + 130\,066$，$R^2 = 0.9384$）对于该组数据均具有较好的拟合效果（图5-2）。因此，分别用这两种方法对2005—2023年的海洋经济合作指数进行预测。根据两个方程的相关系数比较结果，研究最终采取多项式形式进行预测与分析，结果见表5-1。

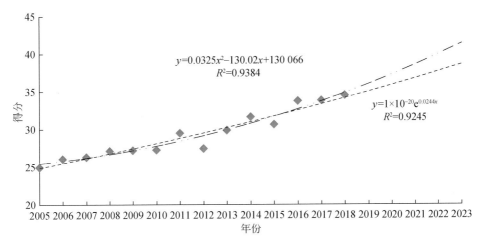

图 5-2　2005—2023 年"海丝路"海洋经济合作得分趋势预测

表 5-1　2005—2023 年"海丝路"海洋经济合作趋势预测值与实际得分

年份	预测值	实际得分
2005	24. 71	24.98
2006	25. 05	26.09

续表

年份	预测值	实际得分
2007	25.45	26.33
2008	25.92	27.14
2009	26.45	27.23
2010	27.05	27.29
2011	27.71	29.51
2012	28.44	27.46
2013	29.23	29.88
2014	30.09	31.66
2015	31.01	30.65
2016	32.00	33.77
2017	33.05	33.84
2018	34.17	34.53
2019	35.35	—
2020	36.60	—
2021	37.91	—
2022	39.29	—
2023	40.73	—

在多项式形式预测下，2005—2023年海洋经济合作指数得分呈现稳步上升趋势，且未来上升幅度更大，2023年指数得分预计会达到40.73分。总体而言，尽管我国海洋经济对外合作仍面临诸多机遇和挑战，但仍有广阔的发展前景和进步空间。

第六章 基于时间序列的"海丝路"海洋经济合作指数专题分析

为客观对照分析和找准差异，海洋经济合作指数采用国际上流行的标杆分析法，即洛桑国际竞争力评价采用的方法。标杆分析法使用同一年度的数据形成指标标杆库，能够较好地展示同一年不同国家的指标得分差异，并对不同年份国家的表现情况进行较好的对比分析。

为更加全面体现指标时间序列上的变化情况，在主体研究的基础上，本研究延伸使用了以指标全年度得分为比对范围的标杆分析法。该方法中，不同国家过大的得分差距使得标杆分析后指数的得分两极分化严重，部分国家得分过低，在后续分析和评价中较难体现单一国家的发展趋势，因此在主体研究中未采取该方法。但该方法在数据的全面性和整体性优于以年度得分为标杆范围的评价方法，两者相结合可以更加全面系统地展现我国海洋经济对外合作的发展趋势。因此，本章就基于时间序列的"海丝路"海洋经济合作指数得分开展分析与讨论。

第一节 基于时间序列的"海丝路"海洋经济合作指数分析

出于打分方法的不同，基于时间序列评估得出的"海丝路"海洋经济合作指数能够比较好地反映数据的整体发展趋势，但在分值上并不能较好地体现各年度国家数据的真实性。因此在专题研究中将着重分析指数得分的整体发展趋势，不对指数和分指数的具体分值展开讨论。

从数据的整体趋势来看，基于时间序列的"海丝路"海洋经济合作指数整体发展势头良好，2005—2018年一直处于上升态势，未见明显下降趋势（图6-1）。不同于第二章中海洋经济合作指数出现的波动，通过时间序列分析的全年度海洋经济合作指数得分波动明显较小。这反映出，从单一年份来看，我国与"海丝路"周边国家合作水平起伏波动较大，各国间合作程度不一，不同年份各国得分有一定的差距；但2005—2018年的得分的稳定上升，则反映出我国与34个"海丝路"周边国家的丝路整体合作态势向好发展，海洋经济合作发展稳定，"一带一路"合作成果显著。但两种方法结果一致的是，2013年均为海洋经济合作指数上升最快的年份，这也反映出我国在这一年取得了丰硕的海洋经济领域合作成果。

图6-1　基于时间序列的"海丝路"海洋经济合作指数得分

从四个主要研究地区得分发展趋势来看，平均得分由高至低分别为亚洲地区、欧洲地区、南美洲和大洋洲地区、非洲地区。四个地区的得分趋势各有特点。亚洲地区作为本研究中样本国家数量最多、覆盖地域最广、与我国开展合作内容最翔实的地区，其海洋经济合作指数得分同样高居首位。其中，2013年中国与亚洲地区海洋经济合作指数得分出现了明显上升，这也反映出2013年提出的"一带一路"倡议是近年来我国与亚洲国家开展合作的重要契机，海洋经济合作同样得到了高速发展。排名第二的欧洲地区在2005年得分优势明显，但研究整体14年间得分上升速度较缓慢，2018年得分甚至基本与南美洲和大洋洲地区持平。近年来，随着全球经济疲软的不断加深，欧洲国家经济形势整体下滑，且随着"欧洲移民危机"不断发酵，短期内欧洲对外经济合作与开放程度受到了冲击，海洋经济合作指数得分也同样受到影响，维持平稳。不过随着新形势下欧洲政治态势的稳定与逐渐好转，海洋经济合作必将迎来新的增长高峰。南美洲和大洋洲地区国家海洋经济合作指数得分是所有评价地区中增长最快的，2018 年得分为 2005 年的三倍。作为我国"海丝路"南向通路中的必经国家，太平洋南部的诸多岛国一直是我国海洋捕捞、港口建设、基础开发等传统海洋经济的重要合作伙伴。2005—2013年，南美洲和大洋洲地区海洋经济合作指数得分保持稳定态势，未见明显增长，得分与非洲地区接近。但自 2014 年起，该地区指数得分较之前有了明显上升，且上升速率为四个地区之首，潜力巨大。2014 年 11 月，国家主席习近平访问新西兰、斐济等太平洋岛国；2014 年 11 月 15—23 日，国家主席习近平出席二十国集团领导人第九次峰会，其间对澳大利亚、新西兰、斐济进行国事访问，并同太平洋岛国领导人会晤。这是国家主席习近平首次对大洋洲地区国家进行国事访问，对中国深化同太平洋岛国友好合作具有重大意义。也正是从这一年起，我国与该地区海洋经济合作进入飞速上升期，为我国开拓"海丝路"南向通路开启了信号。相比之下，得分同样较低的非洲地区上升态势则不如南美洲和大洋洲地区明显。2005—2015 年，非洲地区的海洋经济合作得分一直维持缓慢上升，仅有 2013 年得分高出平均。但该地区 2016—2018 年得分出现了快速增长，中非海洋经济合作未来可期。

第二节　基于时间序列的四个分指数分析

一、基于时间序列的合作政策分指数分析

2005—2018 年基于时间序列的"海丝路"海洋经济合作指数结果中，合作政策分指数上升趋势明显。第二章中合作政策分指数平均得分为 34. 26 分，较时间序列研究得分高，但其上升趋势同前文结果一致，呈现明显上升。整体来看，该指数 2018 年得分较 2005 年翻了一番，较最低得分提升超过两倍（图 6-2）。2013 年得分上升趋势最为明显，这与主体研究中 2013 年的得分上

升相符合。两种方法得出的数据趋势高度拟合，显示了2013年我国正式提出"一带一路"倡议后，"海丝路"周边国家在政策合作方面均开展了大量双边与多边活动，使得该指标得分呈现明显的上升。

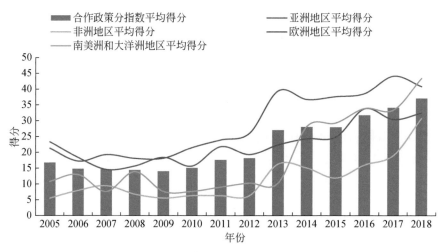

图6-2　合作政策分指数得分

　　合作政策分指数得分在不同地区差别明显。亚洲地区得分明显偏高，在2005—2018年牢牢地占据了优势。而2013年亚洲地区得分同样出现了跨越式上升，是合作政策分指数整体得分上升的重要动力。欧洲地区得分位居第二，尽管在研究区间内没有迅猛上升的单一年份，但其上升势头一直保持稳定，是我国海洋政策领域对外合作的重要伙伴。排名第三的地区是南美洲和大洋洲，该地区在2013年之前得分并不占优势，与亚洲、欧洲地区的得分差距明显，但2013年之后得分迅速攀升，2014年得分较2013年提升了三倍，2018年甚至超过亚洲地区，得分位列第一。尽管南美洲和大洋洲国家地处偏远，多为岛国或群岛国，但其作为我国"海丝路"南向通道的重要目的地和途经节点，在我国海洋战略地位等多方面具有重要意义，近年来也不断推进，因此指数得分上升迅猛。排名最末的为非洲地区。尽管我国近年来与非洲地区开展了大量合作，但与其他三个地区相比，政策领域沟通优势并不太明显。

但 2013 年之后指数得分有了明显的上升，2018 年得分与其他三个地区相差大幅度缩小，中非在合作政策领域发展势头良好，未来可期。

二、基于时间序列的基础建设分指数分析

基础建设作为我国对外输出劳务、商品、产业等的重要窗口，一直是国家"走出去"的坚实力量。从时间序列来看，除 2005 年该分指数得分较低外，我国基础建设分指数得分一直呈现稳定的上升趋势（图 6-3）。第二章中基础建设分指数的得分尽管同样呈现上升趋势，但整体仍然略有波动。两个得分趋势的不同反映出，尽管总体上我国基础建设对外合作成绩稳定且不断攀升，但与不同国家的合作程度有所差距。海外基础建设的推进在部分国家呈现力量集中、成果突出、合作良好的局势；而部分国家的合作仍然较难推进，或受到当地政策环境、域外势力的干扰等，已经确定的项目在落地时受到阻碍。2005 年在第二章和本章中均出现异常低分，这与样本选择年份和原始数据统计有关，但单一年份的异常变化对总得分趋势影响较小。

图 6-3　基础建设分指数得分

从地区视角来看，亚洲地区的基础建设指标得分远高于其他地区，且上升势头也较其他地区更为明显。东南亚国家凭借优越的地理位置和众多海上交通要道，与我国在港口、海底电缆管道等多领域均有长年合作历史，并随着我国海上航运力量的不断建设，双方合作程度更加紧密，在该指标上形成绝对优势，并且成果随着时间不断丰富，与其他地区相比得分上升明显，是中国与亚洲地区国家海洋经济合作的主要力量。其他三个地区的得分基本一致，除南美洲和大洋洲得分略低外，上升态势也大致相似。其中，非洲地区得分自2016年起有了较为明显的上升趋势，未来有望超过欧洲地区得分。我国近年来不断加强与非洲地区的合作，在铁路、港口等基建领域达成了一系列合作协议。非洲大部分国家尚处于经济不发达阶段，中国多年来开展了一系列的援建项目，为非洲国家经济发展做出了贡献，也为中国与非洲国家海洋经济合作奠定了基础。

三、基于时间序列的贸易投资分指数分析

贸易投资分指数得分在2005—2018年基本保持持平，有略微上升的趋势。与第二章中贸易投资分指数得分相比，时间序列分析得出的平均得分值更低，仅从数值分析似乎并不占优势（图6-4）。不同于我们对"一带一路"合作以往的认知，本研究中贸易投资分指数的得分在两种方法均得出分值较低的结果，发展趋势一直维持缓慢稳定的爬升。该结果反映出以下两个现象：首先，作为我国"海丝路"建设中最重要的抓手，对外经贸与投资近年来整体上升趋势并不明显，这与全球经济持续低迷，国际经济环境不佳息息相关。其次，我国对外经贸合作在全球经济大环境不利情况下依然维持稳定的上升，而非随着几次全球经济危机呈现忽高忽低的态势，反映出我国坚持与"海丝路"周边国家推动海洋经济合作的步调稳定，且合作成果也在不断上升。更应重视的是，贸易投资分指数的较低得分也反映出我国与各国间合作的差距一直存在，且随着我国对外经贸合作的不断推进，优势资源大量集中，导致

各国得分差距逐渐拉大，个别国家经贸合作优势不断上升，标杆分析法分析后其他大部分国家得分处于劣势，因此在34个"海丝路"周边国家的整体分析中平均得分整体较低，反映出贸易投资合作两极化差异逐渐加大的发展态势。

图6-4　贸易投资分指数得分

　　四个地区的分指数得分趋势较为一致，并没有太大的分值差距。但从不同地区的得分走势来看，上升趋势最明显的为南美洲和大洋洲地区。该地区从2015年起得分出现了明显上升态势，且此后一直维持较高的得分，与其他地区的得分差距十分明显。造成该得分结果的主要原因是南美洲和大洋洲地区国家经济体量普遍较小，我国对其开展的一系列贸易投资合作在该地区国家的对外经贸、投资合作等领域占国家外资经济中较大比例，因此上升迅速，且得分值一直维持高位不下。其他三个地区中，明显显现出上升走势的地区为非洲；而与其相对地是亚洲，尽管该地区初始得分较其他地区高，但得分一直保持稳定，整体发展略显颓势。我国与东南亚、南亚部分国家合作历史源远流长，但近年来复杂的国际态势与边界争端导致地区间合作阻碍不断，和平和稳定一直是亚洲地区维持贸易与投资持续增长，经济向好发展的大前提。

四、基于时间序列的科技交流分指数分析

科技交流分指数整体呈现明显的上升态势，且未在 2005—2018 年出现明显下降，表明我国与"海丝路"周边国家在科技交流方面近年来持续推进，取得了良好的效果（图 6-5）。该得分与第二章中起伏不大且上下浮动速度较缓的得分趋势相比较，时间序列分析得出的科技交流得分整体更加稳定，但得分相对较低。两种方法获得的不同得分体现出，整体趋势上我国与"海丝路"周边国家科技交流一直处于平稳上升中，但科技交流水平在不同国家差异较大。从不同年份的国家得分横向比较来看，我国与"海丝路"周边国家的科技交流在不同年份成果数量差别较大，科研发达国家得分一直处于高位，导致其他大部分国家在对比下得分较低，尤其研究样本国家中的欠发达国家，科研实力较低，更加与发达国家拉开了差距。尽管不同年份得分略有波动，但整体水平仍然维持较好的上升态势，科技交流是推动我国与"海丝路"周边国家海洋经济合作最有潜力的领域。

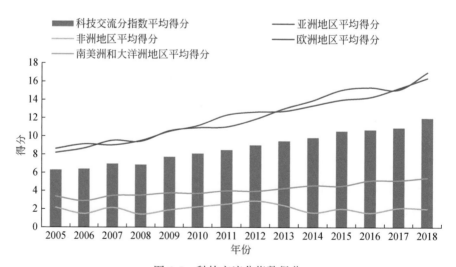

图 6-5 科技交流分指数得分

从不同地区得分态势来看，亚洲地区和欧洲地区的得分明显较高，且维持了较好的上升态势，而非洲、南美洲和大洋洲地区的得分则明显处于劣势，甚至非洲地区的得分呈现略微下降的走势。科技交流分指数得分对国家科技发展和社会开放程度依靠较高，"海丝路"周边国家海洋科技发展水平不一，部分国家，如韩国、俄罗斯等在海洋科技领域一直处于领先地位，新加坡、斯里兰卡等在民间交流领域也一直保持着高度开放。也正因为此，亚洲和欧洲地区的科技交流分指数得分稳居高水平，并且一直维持稳定上升的发展趋势。而非洲、南美洲和大洋洲地区在科技、经济、社会开放等领域均处于较低水平，因此该分指数下得分明显较低，且发展态势较亚洲、欧洲地区呈现劣势。

第七章　中日韩海洋经济专题分析

东北亚地区海陆相连，历史上海洋孕育了该地区的文化传统，如今海洋也是中日韩三国重要的经济驱动力。海洋作为现今国际经贸的重要来源、载体和运输途径，发展海洋经济、打造和孕育海洋文化、加快通边达海的海洋经贸合作日趋重要。

作为友邻，中国和日本、韩国在海洋领域合作广泛，在经济贸易、科学技术、基础建设、政策规划等多方面均有不俗成果。但中日韩三国间仍然存在部分海上矛盾尚未解决。这些矛盾在不同时期对三国间的合作造成了不同程度的负面影响。但在全球经济一体化深入发展的今天，优势互补的高质量区域经济是各国经济发展的首要目标，尤其是在产业链高度互补的中日韩三国内。作为《"一带一路"建设海上合作设想》中"经北冰洋连接欧洲的蓝色经济通道"的门户区域，中日韩三国海洋经济合作是落实"一带一路"倡议的重要实践。因此，应摸清中日韩三国海洋经济现状，评估合作途径，厘清三国间双边、多边合作发展，为拓宽"一带一路"海洋合作领域，为区域内交流提供更广阔的合作平台，也为东北亚参与世界经济贸易活动开拓契机。

第一节　日韩海洋经济产业现状

处在亚洲大陆东北部朝鲜半岛的南段，韩国三面环海，西与我国对海相望，东部和东南部与日本隔海为邻，海岸线总长约 5259 公里，是典型的半岛国家。韩国东、西、南三个方向均有港口，西部仁川、木浦两个城市港口优良，主要港口釜山港、马山港、丽水港等分布在南部海岸。在岛屿方面，韩国拥有约 3000 个大小岛屿，大多分布在西海岸和南海岸，其中 2/3 是无人岛。济州岛位于朝鲜半岛南方约 85 公里的外海，是韩国面积最大的岛屿，也是韩国主要的旅游热点之一。

韩国的海洋经济一直以船舶制造、港航运输、养殖渔业等为主，海洋资源勘探、海洋污染检测控制、气候变化应对、极地海洋科考等尖端海洋科技亦处于世界领先地位。其中，韩国造船产业在全球居领先地位，养殖渔业多领域发展，港航运输行业也在北极航道即将开通的世界航运网络中愈加重要。

作为亚洲东部唯一的海岛国家，发展海洋经济在日本具有先天优势。日本"以海立国"，从20世纪60年代开始就十分重视向海发展，历史上凭借欧美西方国家的密切合作，在政府调控、人才培养、国际合作与交流等方面一直处于亚洲领先地位，拥有绝对的传统优势。而全球经济链的不断完善，也让日本不断根据国际市场环境调整其本国的海洋经济发展战略，占据了全球海洋经济的重要一席。近年来，日本海洋产业开发正向经济社会各领域全方位渗透，呈现出分工细化、领域扩大、传统产业与新兴产业并驾齐驱的发展态势，构筑起新型海洋产业体系，在全球各国海洋经济发展中名列前茅。

目前日本有四大海洋经济支柱型产业，分别是海洋渔业、海洋造船业、滨海旅游业和海洋新兴产业。这四项产业发展已较为成熟，对日本GDP贡献较大。其中，日本造船业历史悠久，早期以军用船舶建造闻名，目前可以建造从散货船到集装箱船，从海洋工程船到豪华邮轮等几乎所有民用船舶门类，行业发展迅速。而海洋渔业在日本同样具有悠久历史传统，目前仍然是海洋经济的一项重要经济来源。

作为全球造船业的三大巨头国家，中日韩在造船业上基本呈"垄断"态势。但三国在该行业的发展方式、发展途径、优势重点均不相同，尽管三国间竞争激烈，但同样拥有合作的潜力，是中日韩三国海洋经济合作分析的重点。此外，日韩作为全球水产品进口大国，也是我国发达的水产养殖业主要出口对象国，日韩两国在水产品进出口方面的发展变化同样具有较高的参考意义与借鉴价值，可以完善与我国海洋经济上下游产业链，缔造优势互补的海洋经济集群，为区域与全球海洋经济带来新的发展动力。因此，本章主要通过船舶制造与出口、海洋水产业两个方面，对日韩两国主要海洋经济产业开展分析。

一、海洋经济支柱行业——船舶制造与出口

（一）韩国造船业发展情况

作为世界前三的船舶制造国，韩国在大型集装箱船、液化天然气（liquefied natural gas，LNG）船及海工装备项目等高技术、高附加值船舶制造领域占据着绝对优势。尽管韩国造大型船舶的历史并不长久，且相比中日两国造船业发展极为成熟的行业模式，韩国在造船界尚属"年轻"。但韩国发达的科技实力、创新的运营模式等让该国迅速在造船业市场打下一片天地。近年来，韩国造船业整体呈现欣欣向荣的发展趋势，但由于世界船舶市场供过于求的整体趋势，以及来自新兴崛起的船舶制造国家的竞争压力，韩国造船业受到了一定程度的打击，但在 LNG 船、超大型油轮（very large crude carrier，VLCC）、超大型集装箱船等高附加值船型订单市场上韩国企业仍占主导地位。

从韩国船舶进出口额数据来看，1995—2018 年，韩国船舶出口额远超进口额，且基本维持上升态势（图 7-1）。船舶出口额峰值出现在 2011 年，达到 540 亿美元。而当年韩国出口总额为 5500 亿美元，船舶出口业占韩国出口总额的 10% 左右，占比可观。2012—2017 年，韩国船舶出口额整体出现下滑，但仍然维持在 300 亿美元之上的水平且保持平稳，该阶段最低出口额为 2016 年的 330 亿美元。2018 年韩国船舶出口出现了大幅度下降，出口额仅为 200 亿美元，基本倒退回 2005 年水平。在船舶进口额方面，韩国强大的船舶制造能力使得其在船舶进口领域整体数额较低，尽管从 2000 年起呈现了上升趋势，但整体仍维持在 30 亿美元以下的水平，与船舶出口额之间差距明显。可见，韩国在船舶出口领域一直保持着极高的贸易顺差，是韩国出口领域的重中之重。

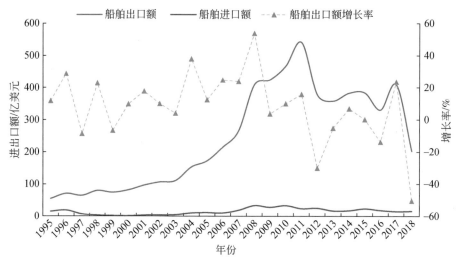

图 7-1　1995—2018 年韩国船舶进出口额

数据来源：UN Comtrade

　　从船舶出口额的增长率来看，在 2011 年之前韩国船舶出口行业整体保持较为稳定的上升趋势，仅有个别年份出口额比上一年呈现负增长，2008 年增长率为 53.83%，为该阶段增长率的最高值。但在 2011 年之后，韩国船舶出口额呈现出了负增长态势，2012 年、2013 年、2016 年和 2018 年的出口额均相较上一年出现了明显下降。整体上，2012—2016 年船舶出口额整体维持在了一个比较平稳的阶段，为 330 亿—380 亿美元。2017 年出口额明显抬升，增长率达 23.87%，金额超过了 400 亿美元，也是 2011 年之后首次船舶出口额突破 400 亿美元。但紧随其后的 2018 年则出现了大幅度下降，出口额仅为 203 亿美元，增长率为-50.40%。其下降之快，为 1995 年以来最大幅度。造成该下降的最重要原因就是市场的过饱和与竞争压力的增加。近年来世界船舶市场整体供过于求，作为全球船舶制造业的主要力量，韩国相关产业受到了不少的冲击。而中国作为近年崛起的新兴船舶制造国家，船舶制造市场份额大幅度提升，对韩国也造成了一定程度的冲击。

　　从不同种类船舶的出口额贡献度来看，韩国 I 类船舶，也就是客轮、货轮、大型集装箱船、驳船等客货运输船出口份额最高（图7-2），且随着韩国船舶出口额的不断上升，Ⅰ类船舶的出口额也呈上升态势，可以看出，支撑韩国船舶出口的最大类型就是Ⅰ类船舶。除传统优势船舶制造外，Ⅴ类船舶——包含轻型船舶、消防船、浮动船坞、潜式钻井等运动性差的海上浮动结构等，这类船舶产品出口额也在不断增加，从1995年的不足1亿美元出口额增加至2015年的164亿美元，增长了近200倍，涨幅惊人。此外，其他类型船舶中，仅有Ⅵ类船舶——其他船只，包含军舰、救生艇、无桨船只等的出口额超过了10亿美元。且该类船舶的出口额自2013年起有大幅度上升，由2013年的1亿美元增长至2018年的12亿美元。

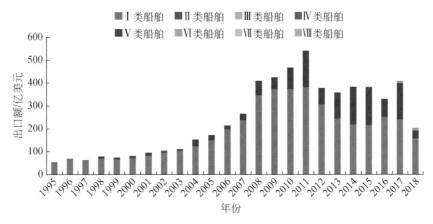

图7-2　韩国不同类型船舶出口额

Ⅰ类船舶（客轮、货轮、大型集装箱船、驳船等客货运输船）；Ⅱ类船舶（渔业船舶）；Ⅲ类船舶（快艇、游艇、桨船等娱乐用船）；Ⅳ类船舶（拖船、推船）；Ⅴ类船舶（包含轻型船舶、消防船、浮动船坞、潜式钻井等运动性差的海上浮动结构）；Ⅵ类船舶（其他船只，包含军舰、救生艇、无桨船只等）；Ⅶ类船舶（小型船、漂浮构筑物等）；Ⅷ类船舶（可解体船只及其他浮动结构）

数据来源：UN Comtrade

　　单从Ⅰ类船舶和Ⅴ类船舶出口额占当年船舶出口总额的比例来看，韩国船舶制造业的转型和全球市场的变化十分明显（图7-3）。Ⅰ类船舶的出口份额逐年下降，尽管该类船舶整体仍然占据韩国船舶出口额的主导地位，但不可否认，船舶市场供需的变化给韩国造船业带来了相当程度的影响。相对地，

以海上浮动结构为主的 V 类船舶出口额则处于逐年上升的态势。一方面，该
变化趋势反映出韩国造船业的不断转变，业务覆盖类型不断扩展，从单纯的
远洋运输类船舶建造发展到多类型、多体系的船舶工业，已经形成了完整的
海工船舶装备产业链条。另一方面，该变化趋势反映出不同于 20 世纪人们对
于海洋开发利用的认识，如今各类海工船舶装备更加广泛，钻井平台、漂浮
码头、海上采矿等多类型工业迫使船舶工业也向更加专业化、多样化发展，
为船舶工业赋予了更加广泛的内涵。

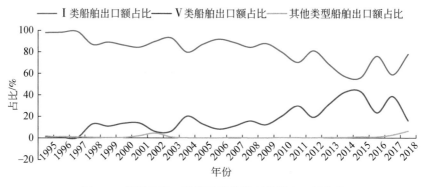

图 7-3　韩国 I 类、V 类及其他类型船舶出口额占比

　　将图 7-1 中韩国船舶出口额整体下降的趋势，以及图 7-3 中 I 类船舶出口
额占比两者结合分析，数据中已经可以看出韩国近年船舶工业出口的困境。
多年来，韩国一直以集装箱船等大型运输船舶的建造出口闻名全球，并在全
球船舶进出口市场中占据了稳定份额。随着海洋科技的不断发展，海上运输
产业也根据运输类型、货物要求、航线变化等因素不断转变，传统的大型集
装箱船舶需求面临压缩的境地。图 7-3 中可以看出，1997 年起，韩国 I 类船
舶出口额占比就在不断下降，尽管一直到 2011 年韩国整体船舶出口额仍处于
快速上升的态势，但 I 类船舶出口额占比依旧处于逐年下降的态势。随着全
球船舶市场的不断饱和，2012 年韩国整体船舶出口额出现了断崖式下跌，其
中 I 类船舶出口额的骤然减少占主要因素。甚至在 2014 年、2015 年，韩国 I
类船舶出口额占比骤降到 56% 左右，前所未见。整体来看，尽管韩国造船业

仍然在全球行业内占据着巨头地位，但仍面临产业转型等一系列问题。

值得一提的是，韩国的破冰船建造与北方海航道探索。韩国近年来多次在公开场合表示要加快破冰船建造，并开始北方海航道探索与试航行。韩国在商业极地破冰船的制造方面也颇为引人注目。韩国有良好的冰区船制造基础，三星重工在金融危机爆发的 2008 年 4 月—2009 年 4 月就交付了 66 艘冰区船，包括 24 艘集装箱船、17 艘阿芙拉型油船、20 艘苏伊士型油船和 3 艘穿梭油船等。2011 年，韩国现代重工集团（简称现代重工）宣布建成世界最大商用破冰船。2017 年，韩方表示计划为开发北方海航道建造专用破冰船，开发北方海航道及建设彼得罗巴甫洛夫斯克和摩尔曼斯克两个中心港口，并组织集装箱运输。韩国在破冰船上的成熟建造技术、相关经验等方面也是我国目前较为缺乏的领域，达成相关领域合作将有利于发展我国北极航行能力。

（二）日本造船业发展情况

从 1853—1854 年美国"黑船"两度深入东京湾，敲开日本的国门开始，日本就制定了建立近代化的工业与海军，跻身列强之林的目标。作为尝试的必然途径，日本的现代造船业随着战争不断壮大，但也在庞大的战争机器中消失殆尽，因为扩张的失败而走向终结。

早在幕府末期，日本近代造船业就已初具规模。明治维新时期，由于本国造船业尚不发达，日本政府主要从英国购买军舰。但高昂的购舰费用，激化了当时日本的社会矛盾。1896 年，日本政府颁布《造船奖励法》《航海奖励法》，对建造和购置国产船舶进行补助，大大增加了民间造船厂的订单。民间资本不可能一直被民用订单限制，业务范围开始深入军用领域。日俄战争后，日本政府更是吸取了军工企业产能不足的教训，加大扶持民间造船业，这也为此后民间造船业的军工化埋下了伏笔。经过甲午战争及日俄战争，日本崛起为东亚强权，造船业有了较大的发展。1902 年，英日同盟条约签署，英国向日本转让了大量造船技术，推动了日本造船业的进步。当时，日本下至驱逐舰、潜艇，上至战列舰的完善军舰设计建造体系已经成熟。

第一次世界大战时期，由于战时经济的繁荣，日本造船业也进入了飞速发展时期。但是随着战后国际航运市场上英美的激烈竞争，市场迅速萎缩，日本造船业订单锐减。出口大幅度缩减带来财政危机，使得需要维持海军军备扩张的巨额军费一度占据了日本政府支出的近 50%，国家财政陷入崩溃边缘。为了缓解造船业的不利处境，日本政府采取了一系列补助措施，如提供贷款补贴、禁止进口国外船舶、逐步淘汰落后产能等，推动了民用造船业的复苏。第一次世界大战后，部分国家签订了在一定时间内限制军备竞赛的条约，限制了日本军用造船的发展。随着条约的逐渐到期，日本造船业在政府的扶植下逐步走出困境，并被日益增长的海军订单充实。而随后日本肆无忌惮地扩充海军，使得造船业彻底沦为军工业的附庸。此时的日本已经基本建立了完整的造船工业体系，成为世界造船业中举足轻重的力量。

随着第一次世界大战带来的军备需求不断提升，日本造船业对进口优质钢铁的需求量也日益增加，极度依赖进口的现实极大地限制了造船业的发展，日本国内匮乏的资源和较为落后的重工业发展始终没有解决这一问题。且 1941 年以美国为首的同盟国集团禁止向日本出口战略资源，特别是钢材和石油，这对于日本造船业来说是雪上加霜。一方面缺乏大规模工业化生产实力，另一方面劳动力配置失当，大量没有经验的平民被征召到造船厂服务，使日本船舶建造与维修的质量直线下降。至 1945 年，绝大多数的造船厂已因严重损坏而停工，沦为日本的陪葬品。

日本的海上力量可以说在本国造船业的支撑下，一步步在侵略扩张中走向实力的顶峰，却又因扩张的失败而走向终结。但日本强大的造船实力和丰富的造船经验等为如今日本发达的造船业埋下了伏笔。不同于中国和韩国，日本的造船业侧重点、经济增长点、行业发展态势等均有较大差别，具有研究意义。

从日本船舶进出口额来看，1995—2019 年日本造船业经历了由平稳发展到迅速上升，但随后又迅速恢复之前的平稳发展态势，阶段性明显（图 7-4）。1995—2005 年，日本的船舶出口额一直维持在 100 亿美元左右，增长率也基本维持在10%以下，出口额变化不明显，一直处于平稳发展的状态。但自2006年起，日本船舶出口额出现了明显的上升趋势，2010年突破260亿美元。该阶段增长率也一直保持在10%以上，增长最快的是2008年，为27.71%，增长了近30%，上升速度明显。2011年船舶出口额基本持平，维持在260亿美元，但随后急速下滑，2013年下降至150亿美元，增长率为-30.80%，跌幅巨大。2015—2019年船舶出口额一直维持在100亿—150亿美元，基本与2005年之前的出口额相同。该阶段的增长率波动也较平缓，基本维持在10%以内，数据上基本与2005年之前具有相同变化特征。日本的船舶进口额较出口额相比差距十分显著，这也反映出日本船舶制造业涵盖范围全，相比船舶出口带来的巨大经济收益，对于进口船舶的需求量几近于无。

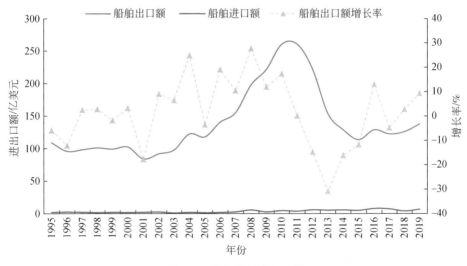

图 7-4　日本船舶进出口额

数据来源：UN Comtrade

从不同种类船舶的出口额贡献度来看，Ⅰ类船舶在日本船舶出口行业中占绝大多数（图7-5）。单一类型的船舶出口为日本打下了坚实的造船基础，1995年日本船舶出口额就能达到100亿美元，占据了当年全球船舶出口行业的绝对优势。而在全球航运快速发展的2005—2012年，日本凭借其强大的传统造船优势,将出口额翻了一番。但该阶段的增长是全行业的,并非日本本国在该领域的技术、竞争优势等。随着全球造船市场,尤其是大型运输船舶市场的萎缩,该优势也迅速下降,经过2012—2014年的连续快速下跌后,出口额又基本恢复到2005年左右的水平。

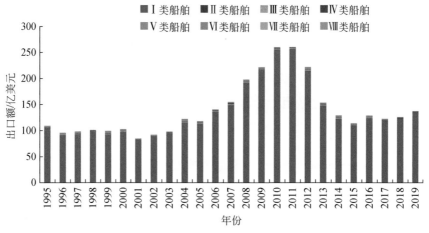

图 7-5   日本不同类型船舶出口额

数据来源:UN Comtrade

从日本船舶出口额的变化趋势可以看出,尽管日本有良好的船舶建造与出口的基础,并且能够积极应对和满足全球市场快速增长时期,但其单一的船舶出口类型也导致日本在全球航运市场需求量降低的大环境下不能做到及时迅速转型,难以保持优势。而在出口额整体下滑的今天,日本仍没有在船舶出口类型上进行调整,仍坚持以大型集装箱船等传统海运船型为主。从一方面来讲,坚持Ⅰ类船舶的建造出口能为日本在该领域打下良好的技术、装备、外界口碑等基础,对日本大型集装箱等运输船舶建造与出口长期发展来讲,利大于弊;但从另一方面来讲,面对全球船舶市场规模的不断缩小,科技进步带来的开发利用海洋方式变化,仅坚持一个类型的船舶建造与出口明显难以满足市场的多样化发展,并不利于日本船舶建造整个行业的良性发展。未来日本造船业何去何从,仍有待观望。

（三）中日韩船舶出口对比分析

作为全球造船业的三大巨头，中日韩三国基本垄断了全球造船业，呈"三足鼎立"之势，但三国发展趋势各不相同。从三国船舶出口额来看，日本传统优势最足；韩国与日本呈早期齐头并进之势，近年来反超明显；中国则后期发力，冲劲十足（图7-6）。

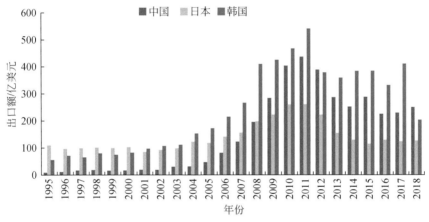

图 7-6 中日韩三国船舶出口额变化趋势

数据来源：UN Comtrade

从船舶出口额整体发展趋势来讲，整体可以将其分为"稳定—上升—下降—稳定"几个阶段。其中，2003年之前基本是稳定期；2004—2011年急速上升，反映出全球船舶市场繁荣，船舶需求量快速增加；在连续多年的迅速增长后，全球船舶市场趋于饱和，2012年起市场需求量急速下降，造船行业整体遭遇瓶颈期；2014年之后全球船舶市场重新趋于平静，步入稳定发展时期。

数据显示，1995—2000年，日本在船舶出口额上较中韩两国优势明显，是当仁不让的全球船舶出口大国；韩国出口额急速攀升，从最初的55亿美元不断上升，且迅速逼平日本；而中国在这期间明显呈现弱势，2000年也仅有

16 亿美元的出口额，上升态势也较为微弱。自 2001 年起，韩国船舶出口已超过日本，两国出口额均保持在 100 亿美元上下，而中国仍然维持在 50 亿美元以下，与日韩两国相比差距较大。2004—2011 年三国的船舶出口额均呈现急速上升的趋势，中日韩均抓住了这个全球船舶出口行业的关键时期，8 年间迅速将船舶出口额增加了至少 1 倍。中日韩三国中船舶出口额最高的为韩国，从 2004 年的 150 亿美元增长到 2011 年的 540 亿美元，增长了 2.6 倍。日本则在三国中增长最不明显，从 2004 年的 120 亿美元增长到 260 亿美元，仅增加了 1 倍多，而在数量级上与中韩两国也形成了差距。中国在 2008 年的船舶出口额已经可以与日本比肩，在 2009 年成功超越日本，一跃成为全球第二大船舶出口国，出口额从 2004 年的 30 亿美元增长到 2011 年的 430 亿美元，增长了 13 倍多，涨幅最为巨大。从三国出口额增长率来讲，中韩两国增长动力明显更强劲，而日本则表现得相对较为疲软。从出口额数量级来讲，中韩两国在这期间牢牢占据了世界船舶制造与出口行业的领军位置，日本紧跟其后，三国基本垄断了全球船舶制造与出口行业。

2012 年是全球造船业的拐点，中日韩作为全球造船的领军国家，三国自 2012 年起出口额也持续下降。但整体来讲，三国仍然保持着较为一致的数额占比。韩国依旧保持着良好的行业形势，直到 2017 年出口额仍然维持在 350 亿美元以上，且一直在中日韩三国维持着领先地位。这与韩国造船业的不断转变，业务覆盖类型不断扩展息息相关。但 2018 年韩国船舶出口额陡降，落后中国出口额在 50 亿美元左右，未来发展态势依旧较为波动。中国在 2012 年之后船舶出口额仍然保持全球第二的位置，下降幅度相对较缓。自 2016 年起，中国船舶出口额出现缓步回升，这离不开我国强有力的船舶制造业支持。尽管不能与 2010 年、2011 年的鼎盛时期相比，但仍然在行业内保持着高水准。相较而言，日本在 2012 年后的下降幅度最小，这与此前相对较缓的增长幅度相关。

对比中日韩三国 1995—2003 年前期与 2014—2018 年后期稳定的船舶出口额，可以看出在经历 2004—2013 年的全球造船市场繁荣期后，三国在造船市场上的地位变化。三国中，中国船舶出口额增长幅度最高，在全球船舶市场中节节攀升，牢牢把握住了领先地位，是此次世界船舶市场变化的受益者。韩国也在此期间顺利成为行业内的领军国家，且其前期基础较中国好，因此在三国中船舶出口额一直占据高位，但 2018 年的陡降也反映出市场的波动与变化，未来仍将以较强的实力占据船舶制造与出口行业的一席之地。相对而言，日本丢失了早期的优势地位，尽管全球市场的繁荣让日本也在此期间获利颇丰，且仍然维持全球船舶出口大国的地位，但保持高水平船舶工业的韩国与竞争力持续上升的中国使日本的竞争压力持续增大，日本优势明显缩小。

三国船舶出口额占比更能清晰地反映上述变化。在不考虑其他国家船舶出口额的情况下，中日韩三国船舶出口额变化趋势十分显著。如图 7-7 所示，中国船舶出口额占比呈稳定的上升态势。1995—2004 年，中国占比基本维持在 10% 以下，相对日本和韩国明显不足。2006 年起，中国船舶出口额占比迅速上升，2009 年已达到 30%，在中日韩三国中占据一席之地。2012 年占比达 40%，是历年来最高比例。此后略有下降，但仍然维持在 30% 以上水平，2018 年占比为中日韩三国中第一，达 43%，竞争实力有目共睹。韩国船舶出口额比例一直维持较高态势且浮动略小，1998 年起占比超过 40%，2005 年占比达到 51%，超过中日两国船舶出口额总量。此后韩国比例也一直维持在50% 左右，仅有个别年份占比稍有下降，但整体维持稳定高位。相较中韩两国，日本的船舶出口额占比呈现"高开低走"的发展态势。1995 年日本船舶出口额占比为 68%，远超过中韩两国船舶出口额占比之和。此后基本维持逐年下降的态势，至 2015 年仅为 14%，为历年最低。2016 年开始出现回升，但在中国强大竞争力与韩国船舶制造的高质量发展双重冲击下，日本未来船舶出口空间仍然会受到挤压。

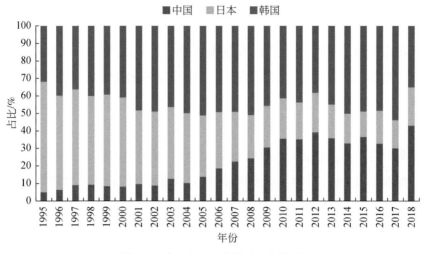

图 7-7　中日韩三国船舶出口额占比

二、海洋经济传统行业——水产业

捕获鱼类和其他水生经济动物，是人类最早取得食物的手段之一。在原始农业和原始畜牧业产生以后，捕捞始终是一项重要的生产活动。在人类开发利用海洋的历史中，捕获鱼类也是最早的资源获取途径，是海洋对人类经济社会贡献最大的产业。随着生产技术的不断发展，捕捞作业逐步由沿岸向外海或深水发展，规模也逐步扩大。第二次世界大战后，海洋捕捞业进入大发展时期，为人类提供了大量动物性蛋白质。但捕捞业毫无节制的疯狂发展也损害了渔业资源的再生能力，导致全球渔业资源衰退，近年来海上捕捞业随之大幅度削弱。身为传统的海洋大国，日韩两国的海洋捕捞业仍然是国家海洋经济中的重要组成部分。但在全球捕捞业不断萎缩的背景下，日韩两国的海上捕捞业也受到了多方面的冲击。

20 世纪末以来，全球形势趋于稳定，人口数量逐渐增多，生活质量不断提高，对蛋白质的需求量也逐渐增加。海洋鱼类资源的匮乏使得捕捞业成本不断增加，舆论的压力也迫使部分捕捞业面临停滞的境地。海洋渔业作为高效、稳定、成本低、收益高的海洋蛋白质获取途径，近年来成为众多沿海国家海洋产业的首要发展对象。作为全球海洋渔业最发达的亚洲国家，中日韩三国海洋渔业发展迅速，且成果颇丰，也一直是全球海水养殖产品的重要供应商。中日韩作为以鱼类为传统食物的沿海国家，三国同时也是水产消费大国，鱼类蛋白在日常蛋白质摄取量中占比极高。高消费、高产出、高需求使得水产品进出口成为中日韩三国海洋经济的重要组成部分。中日韩三国的水产品贸易具有较强的互补潜力，了解日韩两国的主要水产品进出口品种及产量，对把握日韩两国需求量大而不能自足的品种，发展我国水产养殖优势品种，扩大对外出口贸易有着指导意义。

（一）韩国水产业发展情况

韩国是世界上重要的水产品消费和贸易国之一。位于朝鲜半岛南半部，东、南、西三面环海，韩国海域面积远超陆地面积，同时地处北太平洋渔场南侧，为发展水产业提供了良好的条件，水产业也一直是韩国经济的重要组成部分。

韩国开发出了自己独特的水产料理文化，水产品人均消费稳居世界第一。近年来，韩国将水产交易市场发展为著名旅游景点，如首尔鹭梁津水产市场和釜山札嘎其市场，前者是韩国年轻人喜爱的传统市场，后者则是全球美食爱好者的天堂。韩国将水产食用演变成了一种独特的文化旅游，又将海鲜市场这一普通的场所包装成独特的场景消费，让水产市场成为韩国著名的旅游景点。而韩国也善于以"拍卖"作为宣传手段，如牡蛎进入成熟季节时，韩国会举行一场传统的牡蛎市场开市仪式，结合文艺与拍卖的方式，加强文化宣传与经济创收。随着近年来网络科技的发达，水产业也产生了许多"新玩法"，如借助"网红营销"，将韩国水产美食推向全球；联合品牌厂商加大广告等推广投入，提高宣传；通过直播平台在水产市场现场体验，向世界传递新鲜的消费观念；通过烹饪秀、美食赛等形式推广韩国新鲜的水产品。将海洋文化融入水产经济中，是发展海洋经济的重要一步。

韩国水产品进口额与出口额的变化趋势有显著区别。整体上来看，韩国水产品进口额呈逐年上升的走势，而出口额则维持相对较为平缓的发展水平（图7-8）。2000 年是韩国水产品进出口的一个重要节点。2000 年之前，韩国水产品出口额一直大于进口额，两者均维持在 10 亿美元左右。而自 2000 年水产品出口额首次低于进口额之后，韩国水产品进口额一直呈现稳定且快速的上升趋势，相对而言，水产品出口额则仍然维持在 10 亿—20 亿美元，未见较大的上升趋势。1995—2019 年，韩国水产品进口额年均增长达 1.6 亿美元，2019 年的进口额为 1995 年的 6.8 倍，达到了 47 亿美元，而水产品出口额则为 15 亿美元，仅约为进口额的 1/3。

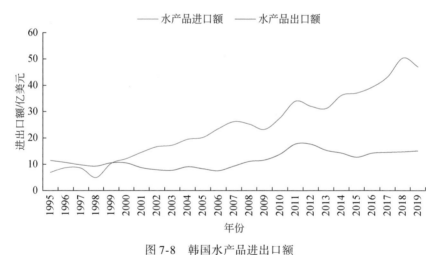

图 7-8　韩国水产品进出口额

数据来源：UN Comtrade

韩国水产品进出口额的不同发展趋势一方面显示出韩国对于水产品的消费与需求量逐年上升，已成为生活必需品的水产食品必将在相当一段时间内让韩国维持水产消费大国形象。另一方面高居不下的水产品进口额也反映出目前韩国的养殖与捕捞产出远不能满足消费需求，进口水产品是韩国水产消费的一大来源。也正因为此，加大对韩国水产品出口力度，将是我国对韩国开展海洋贸易的重要出口。此外，韩国平稳的水产品出口额也反映出，韩国近年来在水产品出口行业发展较为平缓，在产值产量、经济创造、对口输出等方面未见变动，可见韩国水产品出口的产能与需求均遇瓶颈，未来发展态势恐不会发生太大变化。

从韩国不同类型水产品进口额来看，韩国对于水产品的消费基本处于全面且均衡增加的发展态势（图7-9）。韩国进口水产中，Ⅲ类水产（不包括鱼片和其他鱼肉的整条、冷冻鱼类）进口额最多，1995年接近总进口额的50%，在所有水产品进口类型中保持着绝对优势。除Ⅲ类水产外，Ⅳ类水产（新鲜、冷藏、冷冻的鱼排、鱼肉块及其他鱼肉）和Ⅶ类水产（软体动物，如贝类等）在20世纪末也一直保持着较高的优势，1995年占比分别为18%和17%。随着韩国水产品进口额的不断上升，传统优势Ⅲ类水产的进口额占

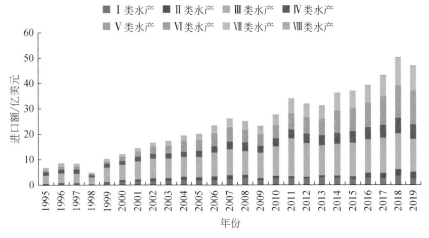

图 7-9　韩国不同类型水产品进口额

Ⅰ类水产（活鱼）；Ⅱ类水产（新鲜或冷藏的整鱼）；Ⅲ类水产（不包括鱼片和其他鱼肉的整条、冷冻鱼类）；Ⅳ类水产（新鲜、冷藏、冷冻的鱼排、鱼肉块及其他鱼肉）；Ⅴ类水产（经过熏制、风干或卤制的生、熟鱼及加工鱼粉等）；Ⅵ类水产（甲壳类动物，如虾蟹等）；Ⅶ类水产（软体动物，如贝类等）；Ⅷ类水产（水生无脊椎动物）

数据来源：UN Comtrade

比不断下降，至2019年仅为27%，占比下降了近1/2。进口额占比呈下降趋势的还有Ⅳ类水产，2019年仅占12%。与之相反，Ⅶ类水产的占比则在不断上升，2019年进口额占比为20%，维持着较高水平。此外，Ⅵ类水产（甲壳类动物，如虾蟹等）在2019年占比达26%，基本与Ⅲ类水产持平，上升迅速。

图7-9中，八类水产是按照食品进出口中的食品类型分类方式进行统计的。而若按照生物分类学，以上八类水产可划分为鱼类、软体动物、甲壳类动物、水生无脊椎动物四种，可以看出，韩国水产品进口与消费的主要方向近年来出现了较大变化（图7-10）。

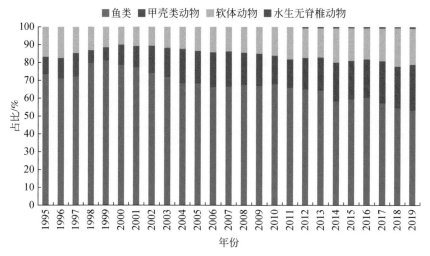

图7-10　韩国鱼类、甲壳类动物、软体动物和水生无脊椎动物水产品进口额占比

鱼类产品是韩国海洋水产消费中最主要的一类。1995年，鱼类产品占韩国水产品进口产品的73.53%，占据水产品进口的绝对优势。但该优势在不断丰富的国际水产品市场与不断多元的人民生活需求中逐渐减弱，至2019年，鱼类产品占54%，较1995年下降20个百分点。与之相反，甲壳类动物和软体动物的进口额占比则不断上升，分别从1995年的9.78%和16.69%上升至2019年的25%和20%。而韩国进口水生无脊椎动物进口额占比极少，2019

年仅占1%左右。这说明，韩国对于水产的认知、消费、食用等方面均在不断往多样化发展，尽管鱼类产品仍然占据进口市场的一半，但随着国际市场与全球贸易不断发展，他国丰富的水产品类型也在潜移默化地影响韩国本土的水产品消费，改变着韩国水产品需求结构。

尽管不同种类水产品进口额占比有所变化，但结合不断上涨的韩国水产品进口额总值，相对保证了韩国各类水产品进口消费不断上涨的大趋势，如2019年，韩国鱼类产品进口额为25亿美元，相比1995年的5亿美元增加了4倍；而2019年韩国鱼类产品进口额占比仅约为1/2，远不足1995年的74%。总体而言，不断上涨的水产品进口额显示出，韩国在未来很长一段时间内都将保持水产品进口与消费大国趋势。

（二）日本水产业发展情况

作为岛国，日本陆地资源极其匮乏，海洋可谓其国家命脉，渔业也一直是日本传统优势行业。受日本暖流与千岛寒流交汇影响，日本的北海道渔场是世界四大渔场之一，鱼类资源丰富，使日本成为世界上渔业最发达的国家之一。日本在食用鱼类产品、水产品精细加工、获取副产品等行业上也一直保持着较为领先的地位。强大的水产消费实力与实际需求，日本对水产品的依赖高居不下，近年来水产品进口额稳居世界前三，与我国不相上下。广阔的市场环境、稳定的消费群体、近距离的地理位置使日本一直是我国水产品出口的重要对象。研究日本水产品进出口趋势，开发日本水产市场，形成良好合作环境，是我国水产行业发展对日合作的重要领域。

日本习惯上将渔业生产划分成海洋捕捞（包括远洋渔业、近海渔业、沿岸渔业）、海水养殖、淡水养殖、淡水捕捞等几部分。而北海道渔场与日本强大的船工装备行业确保了日本一直以海洋捕捞为主导产业。自20世纪60年代以来，日本的渔业产量大幅度增加，特别是远洋渔业产量增长较快，近海渔业也有所增长。这与日本强大的船舶装备与航行能力息息相关。但是随着

《联合国海洋法公约》的颁布，全球各沿海国开始实施200海里①专属经济区制度，对海洋捕捞造成了制约；加上1973年全球石油危机的爆发，油价上涨、经济衰退，使日本远洋渔业受到沉重打击。日本水产消费市场的高居不下使近海渔业自20世纪70—80年代开始明显增长，逐渐成为该阶段日本捕渔业的重心。捕捞业整体的衰退使日本近年来大力发展水产养殖，但渔业产量近年来并未见大幅度上升。日本渔业产量长期不利的主要原因是近海资源的衰退与从业人员的减少及高龄化，且多源低廉的进口海产品也使日本本国市场上出现的海产品绝大多数为进口水产。该行业在日本的发展前景仍面临大量问题。整体来讲，尽管近年来海洋资源的匮乏与行业指标的不断缩紧导致捕捞业整体连续减产，但20世纪的日本80%以上的海产品产量仍由海洋捕捞所得。

近年来海上捕捞量造成的近海鱼类资源急速衰退，因此日本政府高度重视渔业资源保护与增殖。日本已经形成了比较完善的增殖放流体制，不断加大渔业资源增殖放流力度，并投入巨资建设人工鱼礁。此外，日本也通过国家法律法规、渔协或渔民的民间自主规制等途径，设置可捕量、渔获量、可捕尺寸、渔船数和马力数等渔民捕捞量限制，通过禁渔区、禁渔期等进行范围与时间限制等。日本每年都有全国性和地区性的增殖渔业会议，对渔业资源情况、增殖放流实施情况、放流效果评估情况和相关研究等进行交流。1955年开始，日本就在全国范围内建设各种人工鱼礁，1975年出台的《沿岸渔场整备开发法》要求大力发展鱼礁设置、水生动植物增殖场、沿岸渔场保全三项公共事业。目前日本渔场面积1/10以上已经设置了人工鱼礁，类型多样，结构差异大，并且已经在深水区投放了特大型鱼礁。近年来，日本对天然海底藻场的保护和恢复也非常重视，政府部门、渔协和渔民都承担了相应的工作，如保护、调查、分析、恢复试验等。

---

① 1海里 = 1852米（只用于航行）。

　　日本对渔业的高度重视反映出水产品在日常生活中的必需程度。水产品在日本的饮食中占有重要地位，鱼几乎是所有日本人饮食生活中不可缺少的食物。以海鲜为原料形成的水煮、天妇罗、火锅等各类美食传承至今，且大多以清淡、考究、易消化为主要特色。而以生食海鲜闻名的各类寿司已成为风靡全球的东方美食，也成为世界各国认识和了解日本文化的第一个窗口。深谙美食真谛的日本人也形成了以特色海鲜为主的地方菜色，如北海道的螃蟹、鲑鱼料理和拉面等。

　　从1995—2019年日本水产品进出口额来看，日本的水产市场常年以国外产品进口为主，且依赖度极高（图7-11）。1995年日本水产品出口额仅为4亿美元，而进口额高达150亿美元，为出口额的37.5倍，也是25年间的最高额。25年间日本水产品出口额一直保持稳定增长，2019年达到15亿美元，较1995年增长了将近3倍。相比之下，水产品进口额则波动较大，且整体呈现下降态势。1995年之后，日本水产品进口额一直维持在150亿美元之下，大部分年份维持在100亿—120亿美元。期间仅有2011年、2012年水产品进口额出现明显上升，达到140亿美元，但随后依旧恢复了110亿美元左右的进口额。

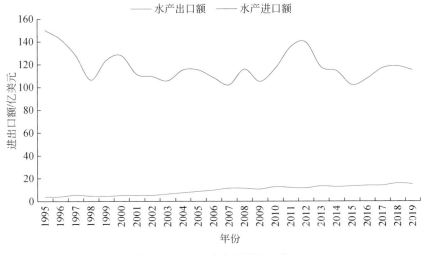

图 7-11　日本水产品进出口额

数据来源：UN Comtrade

从日本居高不下的水产品进口额可以看出，日本对水产品的消费能力与市场体量远超世界绝大部分国家，在水产品进口额上可以与中国相比肩。与韩国由少至多不断增加的水产品进口额相比，日本水产品进口额一直维持高位，尽管近几年略有下降，但仍然是韩国水产品进口额的两倍左右。不可忽视的是，近年来日本水产品进口额未见上升，一直维持较高且波动下降的发展态势。可见，日本水产品消费已达到一定程度的饱和，未来想扩大日本水产品消费市场、增加向日本水产品输出的想法恐较难实现。因此，研究面向日本的水产品输出品种与类型，针对不同需求制定有针对性的合作方案，打通不同类型水产品高端、精细化合作渠道，是我国未来向日本出口贸易海产品的重要途径。

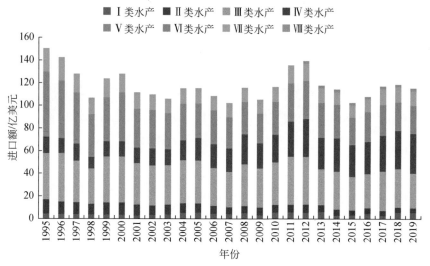

图 7-12　日本不同类型水产品进口额

数据来源：UN Comtrade

从 1995—2019 年日本不同类型水产品进口额来看，日本水产品进口类型全面，且不同类型所占比例变化较小（图 7-12）。八类水产品中，Ⅲ类水产和Ⅵ类水产的年均进口额均超过 30 亿美元，在所有进口水产品类型中占据了相当的优势，两者之和占水产品进口总额的50%以上。相比韩国的进口水产类型，日本在甲壳类动物上的消费需求明显较高。这与日本近海蟹类资源丰富，食蟹历史悠久有较大关系。Ⅲ类水产和Ⅵ类水产在1995—2019年均存在缓慢下降发展态势。1995年，Ⅲ类水产的进口额为40亿美元，而2019年仅有30亿美元，进口额整体减少了10亿美元。Ⅵ类水产在1995年的进口额为44亿美元，2019年减少至23亿美元，减少了将近一半。这两种主要进口品种的缩减也是日本水产品进口额整体下降的最主要原因。Ⅳ类水产和Ⅶ类水产的年均进口额分别为23亿美元和14亿美元，为日本水产品进口的第二梯次，但两者的发展趋势有所区别。Ⅳ类水产呈明显上升趋势，从1995年的14亿美元上升至2019年的35亿美元，增长了1.5倍；Ⅶ类水产则从1995年的20亿美元下降至2019年的13亿美元，减少了35%。同为鱼类产品，Ⅲ类水产整鱼进口明显下降，但Ⅳ类水产鱼类制品则明显上升，说明日本在进口水产品时，更多偏向已经处理过的鱼类制品，而非待处理的整鱼。随着全球各类行业不断精细化、流水线化发展，不同国家行业分工的上下游区别愈发明显，水产行业也有了更加精细的分工，强调各个环节的流程式协作。日本也在行业不断发展中减少了整鱼处理转而直接进口半成品与成品，在国际水产加工行业中放弃了部分前端投入，更加注重终端产业与消费衔接。

日本进口水产品的品种变化并不明显（图7-13）。鱼类产品毫无疑问地占据了一半以上的份额，从1995年（51%）开始，一直保持缓慢上升的态势，至2019年占日本水产品进口额的67%。甲壳类动物的进口额占比则保持持续下降，从1995年的35%下降至2019年的20%，减少了15个百分点。软体动物和水生无脊椎动物的进口额占比则基本保持平稳，25年间未见较大变化。

整体来看，日本对于进口水产品的需求已较为稳定，在进口额、水产品种、产品类型等领域均已形成较为稳定的进口额与产品结构。但无可置疑的是，巨大的消费体量使日本长期是全球水产主要进口国之一。如何在庞大的市场中占据稳定份额，通过提升产品品质、加强产品对接、强化配套服务等

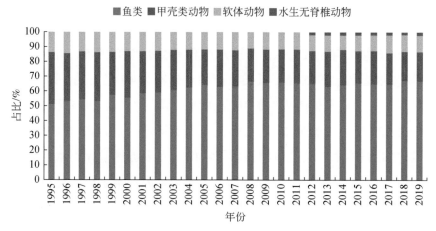

图 7-13　日本鱼类、甲壳类动物、软体动物和水生无脊椎动物水产品进口额占比

多种方式加强中日水产品合作，稳定我国水产品在日本市场中所占份额将是我国未来与日本开展水产品出口合作的重要方向。

第二节　中日韩海洋经济合作分析

一、中日韩造船业合作现状与潜力分析

中日韩作为全球造船产业份额最大的三个国家，目前在船舶制造方面的竞争压力较大。但不可忽视的是，身为造船业的领军国家，中日韩三国在该行业的话语权也远超其他国家。因此，发挥三国优势地位，制定行业良性规则，一方面加强三国协作，在巩固行业领先地位的同时形成良好行业环境；另一方面发挥各自优势，强强联合，开展高精尖、高附加值领域合作，形成集聚造船业顶尖水平的区域联盟，将是中日韩造船领域合作的重点方向。

中日韩三国造船企业数量众多，其中以中国最为庞大。以中国船舶工业行业协会中统计的成员单位为例，全国船舶行业企事业单位数量高达 530 余

家。这些大型企事业单位中，原中国船舶工业集团有限公司（简称中船集团，CSSC）和原中国船舶重工集团有限公司（简称中船重工，CSIC）为行业影响力最高的两家。2019 年 10 月 14 日，中船集团与中船重工联合重组，形成特大型国有重要骨干企业，注册成立中国船舶集团有限公司，成为全球最大的造船集团。中国船舶集团有限公司下属有科研院所、企业单位和上市公司 113 家，资产总额 8400 亿元，员工 34.7 万人，拥有我国最大的造修船基地和最完整的船舶及配套产品研发能力，能够设计建造符合全球船级社规范、满足国际通用技术标准和安全公约要求的船舶海工装备。该公司在中国香港及美国、俄罗斯、泰国、德国、巴基斯坦、希腊、南非、孟加拉国、尼日利亚、乌兹别克斯坦等国家和地区均设有驻外机构。由于其成立时间较短，相关工作大多为延续原单位工作内容，国际合作开展情况均使用原中船集团与原中船重工相关数据。

中船集团组建于 1999 年，是中央直属特大型国有企业，国家授权投资机构，由中央直接管理；中船重工主要从事海洋装备产业、动力与机电装备产业、战略新兴产业和生产性现代服务业的研发生产。两个企业在 2017 年世界 500 强中分别名列第 364 位和第 233 位，中船重工位居全球船舶企业首位。中船集团和中船重工与日本、韩国两国造船企业合作已有多年历史，尽管当前全球航运和造船市场经历着持续深度调整，但中国和日本、韩国正通过加强合作来降低成本、提升竞争力，以期在新一轮造船业的格局重构中占据优势。

（一）中日造船业合作分析

整体来讲，我国造船领域与日本合作历史悠久，目前已经签署了大量合作协议，在船舶制造的不同领域也拥有了相当有分量的成果。中船集团与日本保持着多年合作，近年来进一步深入，从船舶制造、关键部件、节能减排等多角度与行业内领先的日本企业开展了一系列合作举措。2018 年 4 月，中船集团首次在日本举行市场推介会。来自日本邮船株式会社、商船三井、川崎汽船株式会社、伊藤忠商事株式会社、丸红株式会社、三菱集团、住友集团等数十家日本当地知名船东、航运企业、主流商社等均参加了此次推介会，并见证了中国船舶工业贸易有限公司（简称中船贸易公司）与日本钢铁工程控股公司（JFE），以及中船贸易公司、上海外高桥造船有限公司与新日铁住金签署合作协议。中船集团的首次推介会一方面开启了我国与日本深入造船合作的未来，另一方面反映出过去几十年中船集团与日本造船企业合作的坚实基础。

中船集团与日本三井造船株式会社（简称三井造船，MES）合作已有30多年历史，在造船、造机和配套等方面的合作取得了十分丰硕的成果。三井造船通过合资合作等方式先后在中国成立了船用柴油机、船用配套设备等4家制造公司及1家提供主机售后服务的公司，与中国各界建立了良好的合作关系和深厚的友谊。其中，上海中船三井造船柴油机有限公司（简称中船三井）已发展成为中国生产效率最高、市场占有率最大的骨干船用低速机生产企业，成为中国首屈一指的船用主机制造厂商，而且相关出资方还签订了增资协议，将进一步扩大中船三井的生产规模，不断巩固其"中国第一船用主机厂"的地位。沪东中华造船（集团）有限公司已发展成为具备建造大型LNG船等高技术船舶能力的知名企业。凭借三井造船和中船集团各自的比较优势，双方不仅在船舶产业链相关领域具有进一步加强合作的巨大空间，而且在基础设施、动力能源、节能减排与环保等业务方面也存在较多契合点。而三井造船也在积极开拓中国市场，充分发挥其多元化产品和服务、工程管理等方面的优势，不断满足中国市场需求。2017年1月，三井造船（中国）投资有限公司（现三井易艾斯（中国）有限公司）在上海自由贸易试验区注册成立，是日本三井造船株式会社的全资子公司。该公司将成为三井造船中国地区总部，主要从事船用设备、海洋工程设备等贸易、维修及有关软件的开发与集成，以及相应的技术咨询和服务等业务。2018年10月，江苏扬子江船业集团公司与三井E&S造船株式会社、三井物产株式会社签署合资协议，在中国成立新的合资造船公司，将主要建造三井E&S擅长的LNG运输船等能源相关船舶。合资三方造船能力高度互补，未来也将专注于建造多种类型的商船，以多样化的船舶类型和新的造船业务领域扩大客户群。

船用柴油机是船舶制造业配件设备的核心产品之一，代表了船舶制造业的发展水平。在柴油机制造方面，日本大发柴油机株式会社与中船集团旗下的安柴公司和陕西柴油机重工有限公司（简称陕柴重工）已开展了近40年合作，并于2019年12月由中国船舶集团旗下中国船发、陕柴重工与日本大发柴油机签订了关于进一步加强战略合作及DE新机型引进的基本协议。1998年，中船动力有限公司与日本百年企业日立造船株式会社（简称日立造船），共同创建了镇江中船日立造船机械有限公司，该公司是目前国内产量最大、专业性最强、机型覆盖全系列柴油机部品配套制造企业。此外，日立造船株式会社、舟基（集团）有限公司和大新华物流控股（集团）有限公司于2009年2月在舟山组建了中基日造柴油机有限公司（现为中基日造重工有限公司），是浙江省第一个船舶用低速柴油机制造企业。日本兵神机械株式会社与中船集团也有了数年合作经验，双方的合资公司广州中船文冲兵神设备有限公司自2013年成立起，在船用泵和油水分离器专业方面获得了优异成果。日本在节能减排类工程装备领域一直处于世界先列，日立造船的高压SCR（selective catalytic reduction，船舶用脱硝）减排技术处于市场领先地位，获得了船级社特别是主机专利商MAN Diesel & Turbo SE船用脱硝系统的全面型号认证（full type approval，FTA），中船重工在该领域与日方开展了一系列合作。2016年，中船重工船舶设计研究中心有限公司联合大连船用柴油机有限公司、日本麦斯诺株式会社获得了日立造船授予的高压SCR产品在中国市场的独家经销权，是我国在船舶减排技术合作方面的里程碑。在航运物流方面，中日两国比邻互通，合作历史更加悠久。中船集团和日本邮船株式会社（NYK）十几年来一直保持着良好的合作关系，双方轮流举办的"CSSC-NYK交流研讨会"至今已开展了14届，为中日航运与物流合作奠定了坚实的基础。2019年3月，山东海洋能源有限公司与日本三井物产株式会社签署战略合作协议，共同推进LNG贸易、仓储物流业务，同时加强交流合作，积极寻求中国清洁能源市场的其他合作机会。

（二）中韩造船业合作分析

韩国拥有三大造船企业，分别是现代重工、大宇造船和三星重工。这三个企业既是韩国造船业的领军企业，同时也在全球造船企业中名列前茅。其中，2019 年 3 月，现代重工合并大宇造船，成为日韩国最大的造船企业。英国克拉克松研究公司数据显示，截至 2018 年底，现代重工和大宇造船在手订单分列全球前两位，在全球市场份额中占比分别达 13.9% 和 7.3%。这意味着，两家公司合并后，新公司在全球造船市场占据 21.2% 的份额，成为全球造船业当之无愧的巨无霸。韩国业内关于巨头合并的讨论由来已久，此次现代重工合并大宇造船将提高生产效率，缓解韩国三大造船企业间的内部竞争，解决产能过剩问题。目前，全球 90% 超大型油轮的订单均由韩国造船公司接走，技术含量最高的 LNG 船舶几乎被韩国企业垄断。而此次造船公司的合并也预示着韩国期望在未来加强其在 LNG 船市场上的优势。而在中国市场方面，三家企业在中国均建设有多个分公司且生产领域均不相同，一方面避免了同质竞争，另一方面体现出中国巨大的市场优势对韩国制造业的吸引力。

现代重工于 1995 年就在常州建立了第一家机械厂，至今进入中国市场已经超过 20 个年头。目前现代重工在中国开设有 7 家分公司，主要经营挖掘机、液压机等相关大型、重型工程机械设备，并未将造船相关行业铺设至中国。现代（江苏）工程机械有限公司和北京现代京城工程机械有限公司则是国内挖掘机、叉车生产规格品种最齐全的制造商，也成为叉车、挖掘机行业最具有发展潜力、最具有竞争力的企业之一；现代重工（中国）电气有限公司产品中六氟化硫封闭式组合电器（gas insulated switchgear, GIS）、船舶电器、电子式热过电器等产品具有较高的技术参数和较好的市场前景；烟台现代冰轮重工有限公司在电站锅炉、热电联产锅炉、工业锅炉、脱硫脱硝设备及相关产品、零部件的设计、制造方面竞争优势明显；现代（山东）重工业机械有限公司则在轮式装载机、液压挖掘机方面具有相当优势。

三星重工业株式会社（SHI）则不同于现代重工，其在中国已经开设的两个公司均是大型造船基地，分别是成立于 1995 年 12 月的三星重工业（宁波）有限公司（简称宁波公司）和 2006 年 3 月的三星重工业（荣成）有限公司（简称荣成公司）。宁波公司主要经营造船包括船用零件、部件、设备和船体分段在内的造船、拆船、钢制结构物、建筑机械、环保设备、机械铸造等，以及从事上述产品同类商品及钢板、钢材的批发、进出口等。荣成公司则主要经营大型集装箱运输船、液化气船、钻井船、大型油轮等各类高附加值船舶的分段制造和海上石油钻井平台等陆地、海洋结构物的制造。

韩国大宇是最早进入中国市场的韩国汽车制造企业，近年来也在中国设立了造船公司，不断拓展业务范围。早在 1994 年就通过合资方式成立桂林大宇客车有限公司，曾是中国交通行业经济效益增长最快的企业，在全国客车市场上占有相当份额。2005 年，大宇造船海洋（山东）有限公司在烟台成立，主要产品为海洋钻井平台以及船舶用船段。2019 年 3 月，山东海洋能源有限公司与韩国大宇造船签订了战略合作备忘录，双方将在清洁能源领域实现进一步的合作，共同发展清洁能源事业，为气化山东做出新的贡献。

（三）中日韩造船业多边合作分析

在多边合作领域，目前三国定期举行中日韩三国造船协会交流会，由中国船舶工业行业协会、日本造船工业会以及韩国造船与海洋工程协会轮流主办。近几届的交流会主要围绕如何突破当前低迷的市场环境，恢复市场活力议题开展。中日韩三国的协会一致认为，当前世界经济复苏乏力、航运市场运力过剩、原油价格低迷等外部因素对世界造船业造成了巨大的影响，造船业尚处于低迷时期。历届会议中，交流会对中日韩三国造船行业提出了各类建议和倡议，以期加快度过行业低谷期。在行业组织领域，应加强沟通与国际合作，对相关国际组织中提出的一些对造船界不利的议案要及时发出建议的声音；在产能制造领域，呼吁压缩产能以适应当前的市场需求，避免恶性竞争；在材料领域，钢材价格快速上涨对船企生产经营造成很大压力，需不断加强与各国钢铁企业的沟通协调，保护船舶企业利益；在用工领域，要探索建立劳动用工新模式，突破海工市场低迷状态，推进船舶工业可持续发展；在科技创新领域，鼓励造船业继续加强科技研发，不断提高生产效率，持续不断进行技术革新，共同为保持造船业平稳健康发展做出努力。2018 年 8 月，第七届交流会在日本召开。会议主要的一项议题在于如何保护各国船企利益，呼吁各国船企拒绝承接亏损船订单，共同维护新船价格保持合理水平。

日欧中韩美造船企业高峰会议（JECKU）每年召开，是中国、日本、韩国、美国和欧洲国家共同举行的造船领域高级别会议，目前已成功举行了 28 届。该会议主要内容涵盖了世界经济、世界能源、各地区造船市场情况、各船型新造船市场分析、造船市场供求情况等，是国际造船业信息互通、政策交流、战略制定的高端会议。近年来，JECKU 焦点关注全球造船市场变化、绿色环保、创新节能、清洁能源、技术安全等领域。其中，全球造船市场长期低迷，相关的经营者的风险远大于收益，此类负面影响是近年来重点关注的领域。在 2019 年第 28 届 JECKU 高峰会议上，除每个代表团报告各自区域的经济和造船情况，以及细分船型市场情况的传统议程外，与会者还就行业当前面临的一些结构性挑战进行了建设性思考。该届会议上达成了"国际造船界推进海事商业优化发展的联合声明"，其中提出，全球造船市场不断承受贸易不景气所带来的压力，市场需求疲软导致新船价格持续下降，迫使造船企业接受价格不合理的新船订单。主要造船价格指数较峰值年份下降 30% 以上，而造船生产成本却持续上涨。航运业运力过剩压低运费和租船费，造船业产能过剩，等待市场复苏。为避免事态持续恶化，尽快走出产能过剩、盈利能力低下的囹圄，会议呼吁有关各方携手解决困扰世界船舶工业发展的关键问题。

为强化造船领域在国际组织中的话语权，2015 年活跃造船专家联盟（ASEF）成立，经过三年的试运行后，于 2018 年 11 月正式运行。成员主要包括中国、日本、韩国、马来西亚、越南、印度尼西亚、斯里兰卡、泰国等亚洲国家的造船协会。ASEF 近年来致力于提高亚洲造船界在国际海事组织（International Maritime Organization，IMO）和国际标准化组织（International

Organization for Standardization，ISO）等国际海事机构中的影响力与话语权，并取得了一系列强有力的成果。该组织由亚洲造船技术论坛演变而来。亚洲造船技术论坛由日本船舶技术研究协会于 2007 年提出，在中国船舶工业行业协会、日本造船工业会以及韩国造船与海洋工程协会积极响应和推动下，经过亚洲各国八年的共同努力，ASEF 正式成立。其区别于其他造船领域组织的最突出特点为，该组织重点突出了提升造船界在 IMO 中的话语权，尤其对 IMO 和 ISO 等海事组织的职能。该组织目前已顺利取得 IMO 非政府观察员地位，成为第一个代表国际造船界在 IMO 发声的国际组织，是造船界近年来的一大进展。ASEF 也参与了大量国际大型会议，与美国等国家相关行业协会建立了战略合作伙伴关系，与其他国际组织，如美国防腐蚀工程师协会（NACE）等开展了密切合作。

（四）中日韩造船业合作潜力分析

目前中国与日韩两国在船舶制造方面已通过产业联盟、企业合作、双多边会议、国际组织等多种方式开展了各类合作。三国各类型合作不仅促进了三国造船企业的强强联合，更在绿色、环保、节能等领域实现了合作与突破，为造船行业的发展，也为主导制定国际造船业规则，提高造船业在国际组织影响力，实现行业健康发展做出了贡献。但日韩间相比，两国行业改革发展态势和合作开展方式略有不同。在行业改革方面，韩国造船企业通过裁员、出售资产和结构调整等方式展开自救，现代重工和大宇造船的合并就是近年来韩国最大的造船领域结构调整。与其相似，中国船厂也正在加快结构调整，产业集中度逐步提升，造船效率逐步提高，中船集团和中船重工的合并也是中国造船领域的最大规模调整。日本船舶工业则着力调整产品结构，增加油船等产品在手持订单中的比例，同时利用造船技术和资源，开辟海洋工程装备等新领域。不同的行业改革意味着不同的对外合作，中日两国合作多从高层开展，与中船集团、中船重工两大龙头企业合作，继而延伸至不同造船领域，更在绿色环保产业方向加强了合作，体现出覆盖面广、创新度高的合作态势，不断扩大全球市场。而韩国造船业大多集中在两家龙头企业中，合作途径较为集中，中韩两国合作更多通过合资建造海外造船厂，体现了力量集中、完整度高的合作态势。从全球视角和国际组织参与视角来看，近两年中日韩造船业的合作还是放在了如何恢复造船市场活力，避免恶性竞争与亏损订单等方面，为各国造船业争取更多发言权与更大影响力。近年来造船市场整体不景气的局面迫使造船业多边组织发出更多声音，中日韩三国的合作则体现出行业顶尖力量在全球行业内的影响力。

　　未来中国与日韩两国在造船领域的合作也必将延续现有合作途径，在进一步加快调整结构，整合资源，淘汰落后产能，控制产业规模，减轻造船产能过剩的基础上，摒弃过去优先考虑产量、产值的思路，转而重点向提高利润、提升质量方面开展合作。尽管油价下跌、钢材费用上升、海工市场严重萎缩、全球经济市场萎靡等仍将在未来一段时间内影响造船企业的发展规模和盈利模式，但追求绿色、环保、节能、安全的船舶运行模式不会改变。因此未来在与日本、韩国的造船企业合作上，仍需加以更加谨慎的判断，选择正确的发展方向和适当的经营规模，一方面加强我国关键技术领域制造能力，另一方面避免同质竞争，加深中日韩三国产业链互补合作，形成强强联合。

二、中日韩水产业合作现状与潜力分析

　　作为全球水产品出口当之无愧的榜首，中国无论是淡、咸水养殖规模还是水产品出口额度均是全球第一。人均消费水产品名列前茅的韩国、日本，两国在进口我国水产品重量、进口额方面保持着绝大的市场份额。因此，本节中使用中国与韩国、日本两国的双边水产品进出口净重及进出口额来分析衡量中国与韩国、日本两国的水产合作现状，以及不同产品类型水产未来合作潜力。

　　本节数据统一源自联合国商品贸易统计数据库（UN Comtrade）。由于统计国家与统计口径的不同，各国在双边进出口数据方面略有差异，但整体发

展趋势较为统一。为方便横向比较，本节中双边水产品进出口数据大多使用中国统计口径，部分涉及双边贸易占比、进出口贸易发展趋势等方面则尽可能使用对方国数据进行分析，以便于更加真实、确切地反映贸易流动变化趋势。

（一）中韩水产品进出口与合作潜力

不同于中韩双边贸易逆差逐渐增大的整体趋势变化，中韩两国水产贸易一直维持高度顺差。2010—2018 年，中国出口至韩国水产品额与进口相比差距较大，是我国出口韩国商品中重要的一项。从表 7-1 可以看出，近年来我国向韩国出口的水产品一直保持较高的份额，维持在 10% 左右。然而在 2000 年，我国出口韩国的水产品基本维持在 20% 左右。比例的下降与我国水产品市场不断扩大，全球各国对我国水产品需求不断增加相关。但从整体发展趋势来看，我国出口韩国的水产品额仍然占据着较为稳定的份额。而从韩国进口水产品额来看，韩国进口我国的水产品整体处于缓慢下降的态势，从 2010 年的 34.02% 下降至 2018 年的 24.95%。整体来看，全球市场的不断扩大，一方面使得作为全球最大的水产品出口国的中国水产品出口面愈加广泛，更易形成卖方市场，成为全球市场化发展的受益者；另一方面同样受到全球化市场发展的影响，水产交易市场上产品品种和类型不断丰富，各水产品进口国的选择权也显著增加，买方市场局面愈发显著，作为传统合作对象的我国水产在韩国市场受到一定程度的冲击。但整体来讲，我国在韩国仍然保持着进口大国的地位，且短时间内不易出现变化。

表 7-1　2010—2011 年中韩两国水产品进出口比例　　（单位:%）

年份	中国出口韩国水产品额占中国出口全球水产品额的比例	韩国进口中国水产品额占韩国进口全球水产品额的比例
2010	12.53	34.02
2011	11.87	31.06

续表

年份	中国出口韩国水产品额占 中国出口全球水产品额的比例	韩国进口中国水产品额占 韩国进口全球水产品额的比例
2012	10.79	28.71
2013	9.10	27.55
2014	9.71	27.90
2015	9.80	27.04
2016	9.83	26.33
2017	9.64	23.67
2018	11.59	24.95

表 7-2 更好地体现出了我国作为韩国水产品进口主要对象，常年保持的较好优势地位。韩国水产品进口市场中，中国出口额稳居第一，俄罗斯、越南、美国、挪威稳居第二至第五位。其中，占据韩国进口水产品市场份额超过 10% 的国家仅有 3 个，俄罗斯稳定在 18% 上下，越南则为 12% 左右，仅有中国稳定保持在 20% 以上。挪威、美国在韩国进口水产品份额基本保持在 5%—10%。以上五国占据了韩国进口水产品市场 70% 的份额。此外日本、智利、中国香港、泰国、加拿大、亚洲其他国家（地区）等国家和地区的市场份额也较为稳定，基本维持在 2% 以上。

表 7-2　2014—2018 年韩国进口水产额占比排名前十的国家和地区（单位:%）

2018 年	占比	2017 年	占比	2016 年	占比	2015 年	占比	2014 年	占比
中国	24.95	中国	23.67	中国	26.33	中国	27.04	中国	27.90
俄罗斯	18.01	俄罗斯	19.84	俄罗斯	17.64	俄罗斯	18.88	俄罗斯	18.41
越南	12.83	越南	12.91	越南	11.96	越南	11.88	越南	13.39
挪威	8.01	挪威	7.69	挪威	7.49	美国	6.17	美国	5.98
美国	5.11	美国	5.26	美国	5.71	挪威	5.77	挪威	4.99

续表

2018 年	占比	2017 年	占比	2016 年	占比	2015 年	占比	2014 年	占比
智利	2.89	日本	3.03	日本	3.36	日本	2.91	亚洲其他国家（地区）	2.86
日本	2.64	亚洲其他国家（地区）	2.42	中国香港	2.54	泰国	2.84	泰国	2.84
中国香港	2.33	智利	2.35	亚洲其他国家（地区）	2.49	亚洲其他国家（地区）	2.71	智利	2.80
亚洲其他国家（地区）	2.30	泰国	2.29	泰国	2.20	智利	2.53	日本	2.51
加拿大	2.26	加拿大	2.26	智利	2.07	阿根廷	1.63	中国香港	2.02

注：联合国商品贸易统计数据库对国家、地区的划分主要依照“联合国地理区划”（UN geographical divisions），这是一套基于 M49 分类编码，出于统计目的而设计的分类方案。此方案被广泛用于国际经济、贸易、物流等领域。其中，中国（156）、中国香港特别行政区（344）、中国澳门特别行政区（446）分别以三个编码出现。此分类仅为统计方便，并不表示联合国对有关国家、领土、城市或地区的政治或其他所属有任何假设。

　　尽管韩国进口中国水产比例有所下降，但整体仍然维持了韩国进口全球水产品近 1/3 的份额，在所有韩国进口水产国家份额中也稳居第一。从出口水产品净重上来看，我国出口韩国不同类型的水产品净重差距巨大，不同类型产品消费趋势也区别较大（图 7-14）。整体上，Ⅲ类水产在我国出口韩国水产品净重中占据了最大份额。1999 年我国出口韩国的Ⅲ类水产比上年增长了四倍，达到 18 万吨，首次突破 10 万吨。而在 2001 年，Ⅲ类水产出口净重达到 31 万吨，为我国近年来出口韩国Ⅲ类水产中最高净重。2003 年起Ⅲ类水产的出口净重持续下降，2009 年出口净重为 13 万吨，是研究期内最低。这与

2008 年全球经济危机，各国消费能力下降，韩国市场与经济形势不景气相关。此后，Ⅲ类水产的出口净重得到一定回升，基本维持在年出口 17 万吨左右。Ⅶ类水产也是中国出口韩国的重要水产类型，自 1995 年起出口净重一直保持着稳定的上升态势，至 2018 年基本维持在 14 万吨左右的出口净重。同为中国出口韩国的两大水产品门类，Ⅲ类水产和Ⅶ类水产的出口发展态势截然不同。鱼类是水产消费中的传统大类，也是我国出口韩国水产品中的绝对优势产品。但随着人们对水产品食用范围与食用趋势的改变，贝类海产的需求持续增加，成为我国出口韩国的第二大水产品种。

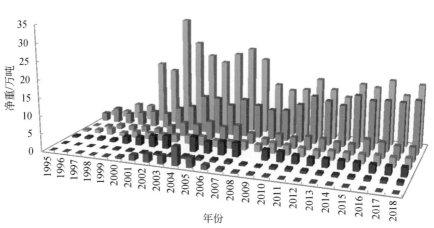

图 7-14　中国出口韩国不同类型水产品出口净重

1995—2018 年，我国出口至韩国的各类水产额基本呈现稳定的上升态势，7 类水产的出口额在 2012 年后基本呈现稳定的 4 个梯次①（图 7-15）。2018 年，占据水产品出口额最高的是Ⅶ类水产，近 7 亿美元。排位第二的为Ⅲ类水产，2018 年出口额为 3.29 亿美元。Ⅲ类水产在 2013 年之前明显占据

_____

① 由于 UN Comtrade 中 2012 年前无Ⅷ类水产数据与分组，且与其他水产门类相比进口量较少，对比性差，不在本节中展开横向对比分析。

着所有水产品中出口额第一的位置，出口额整体以 4—5 年为周期波动上升，最高年份为 2011 年的 5 亿元，此后略微下降，并基本保持在 3 亿—4 亿元。但 2013 年之后出口额迅速上升的Ⅶ类水产则一跃成为第一且上升势头迅猛，至 2018 年已超过Ⅲ类水产近一倍，两者为第一梯次。Ⅵ类水产和Ⅰ类水产的出口额相似，2018 年两者的出口额分别为 1.73 亿美元和 1.54 亿美元；两者在研究期内的上升态势也较为一致，基本保持前期迅速上升，中期略有下降，后期维持稳定的趋势，维持第二梯次。Ⅳ类水产和Ⅴ类水产的出口额在 2018 年分别为 0.84 亿美元和 0.98 亿美元，研究期内发展平稳，为第三梯次。Ⅱ类水产 2018 年的出口额最低，仅为 0.04 亿美元。Ⅱ类水产在 1995—2004 年维持着稳定的上升态势，2004 年达到峰值 1.04 亿美元，但此后迅速下降，在所有水产品出口中名列最末。

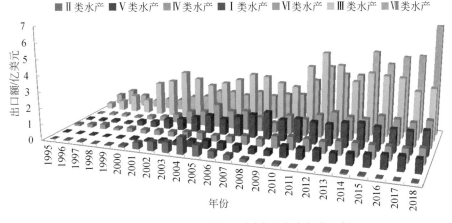

图 7-15　中国出口韩国不同类型水产年出口额

不同类型的水产品的出口额与出口净重呈现一定的线性关系，但同时也体现出不同类型水产品的价格变化（表7-3）。从 2010—2018 年的各类水产价格变化情况来看，我国出口韩国的各类水产价格基本维持稳定，个别类型水产价格略有变化。作为年出口额最高的Ⅶ类水产，价格从 2010 年的 2.58 美元/千克上升至 2018 年的 4.47 美元/千克，涨幅达 73.3%。相对而言，Ⅶ类水产的出口净重在 2010 年之后发展平缓，并未见大幅度上升，这也表现出贝类等软体动物在出口韩国这一贸易途径上发展潜力巨大，是未来前景最好的出口水产之一。Ⅲ类水产的年出口额排名第二，但其价格为 7 类水产品中最低，从 2010 年的 2.93 美元/千克下降至 2018 年的 1.84 美元/千克。同为整鱼类的 Ⅱ 类水产价格同样有所下滑，从 4.82 美元/千克下降至 3.48 美元/千克。结合Ⅲ类水产出口净重未见上升的发展态势，可以看出，尽管冷冻鱼类产品是我国向韩国出口的传统优势门类，但近年来的消费目标转型与消费品种多样使得其不再具有优势，甚至在出口价格上明显下降，未来可能面临一定的产品出口与转型困境。与之相比，同为鱼类产品的 Ⅰ 类水产价格却一直保持着较高水准，2018 年为 6.11 美元/千克，较 2010 年的 5.18 美元/千克上涨了约 18%。活鱼一方面难以储存、难以运输，另一方面其质量、规格、农残量以及在运输过程中的成活率也是影响质量与价格的重要因素。种种制约下，活鱼出口一方面代表着我国鱼类产品品质的提高，另一方面表明韩国对活鱼产品的接受度增加，未来将成为鱼类产品出口韩国的重要类型。

表 7-3　2010—2018 年中国出口韩国各类水产价格变化　　（单位：美元/千克）

年份	各类水产价格						
	Ⅰ 类水产	Ⅱ 类水产	Ⅲ 类水产	Ⅳ 类水产	Ⅴ 类水产	Ⅵ 类水产	Ⅶ 类水产
2010	5.18	4.82	2.93	2.86	9.29	3.30	2.58
2011	5.93	4.13	2.92	3.14	8.84	3.70	2.76
2012	6.30	4.04	2.94	3.20	9.23	4.53	2.65
2013	6.58	4.43	2.62	3.33	9.53	4.77	2.86
2014	6.78	4.54	2.35	3.38	10.74	4.77	3.29
2015	6.25	4.11	2.37	3.25	10.78	3.55	3.03
2016	6.20	3.60	2.04	3.11	10.48	3.63	3.31
2017	6.04	4.05	2.07	3.13	9.95	3.85	3.44
2018	6.11	3.48	1.84	3.31	9.29	4.28	4.47

其他几类水产品中，出口价格最高的为 V 类水产，2010 年以来基本维持在 9 美元/千克以上，水产加工食品价格明显较高。VI 类水产和 IV 类水产的价格在 2010—2018 年持续走高，前者从 3.30 美元/千克上升至 4.28 美元/千克，后者从 2.86 美元/千克上升至 3.31 美元/千克，均是出口水产中的优势门类。

从中韩水产品出口经济形势发展态势来看，中韩两国水产贸易一直维持高度顺差，且我国一直是韩国最主要的水产品进口国，经济合作密切。我国向韩国出口的水产品在出口净重与出口额方面保持着较为一致的发展态势，20 世纪末期开始迅速上升，2008 年经济危机为迅猛的上升势头按下了暂停键，此后恢复缓慢上升态势，近年来一直发展稳定。而在不同水产门类方面，由于韩国水产消费与市场需求的不断转变，传统冷冻鱼类产品的优势整体减弱，出口价格下降明显，相关产业或将面临产品及销售模式的转型；同时高品质的活鱼类产品发展前景明朗，尽管目前出口量并无优势，但未来值得期待。虾蟹贝类产品的价格优势则在不断增加，具有极大发展前景。水产制品始终价格维持高位，高附加值的深加工水产未来必将成为出口韩国的潜力产品。应凭借目前良好的水产贸易顺差局势，瞄准韩国高价值与高需求水产品种，加强中韩双方水产养殖、销售、贸易链对接，转变传统冷冻、冷鲜营销方式，带来新的水产品出口机会，加速我国水产品扩大韩国市场。

（二）中日水产品进出口与合作潜力

作为水产品消费大国，日本进口我国水产品净重与额度均较高，是我国重要的水产品出口对象国，我国也是日本的水产品进口主要对象国。从1995—2018 年中国出口日本的水产品比例来看，变化趋势十分明显（表 7-4）。日本在 20 世纪末期一直是我国水产品出口的最主要国家，1995—1999 年我国出口日本的水产品额占出口全球的 40% 以上；相比之下，日本进口我国的水产品额仅占进口全球的 10% 以下，比例悬殊。可以看出，一方面该时段内我国的出口水产品近半数流向日本，日本无疑是我国水产品出口领域的最重要客户；另一方面日本水产品进口源多元性强，我国水产品并不占优势。此外，也能从侧面反映出我国在 20 世纪水产品出口能力较为一般，全国近 1/2 的出口水产品仅能满足日本 9% 的消费量，这远不能体现我国水产品的生产能力。而进入 21 世纪以来，该比例不断调整，我国出口日本的水产品占出口全球水产品额比例不断下降的同时，日本进口我国水产品额比例则在不断上升。前者从 40% 左右下降至 15% 左右，减少了 25 个百分点；后者经历了先迅速上升后维持稳定的发展态势，从 1995 年的 6.47% 上升至 2006 年的峰值 14.27%，后略有下降，近年来维持在 10% 左右。该变化表现出我国水产品出口市场的不断扩大，日本不再是单一的水产品出口对象；同时稳定增加的日本进口水产品比例也体现出了我国水产品在日本受接纳程度的稳定发展，日本对我国水产品的依赖也在相应增加。

表 7-4　1995—2018 年中日两国水产品进出口比例　　（单位：%）

年份	中国出口日本水产品额占 中国出口全球水产品额比例	日本进口中国水产品额占 日本进口全球水产品额比例
1995	47.17	6.47
1996	49.79	6.56
1997	47.34	7.52
1998	42.47	7.61
1999	43.11	8.02
2000	39.93	9.02
2001	37.20	9.93
2002	38.15	10.80
2003	31.51	11.67
2004	31.53	12.84
2005	28.53	13.64
2006	24.85	14.27

续表

年份	中国出口日本水产品额占 中国出口全球水产品额比例	日本进口中国水产品额占 日本进口全球水产品额比例
2007	22.96	11.46
2008	22.44	9.83
2009	18.83	9.27
2010	17.39	9.51
2011	17.70	9.43
2012	18.47	9.01
2013	15.96	9.60
2014	14.21	9.67
2015	14.07	9.69
2016	14.65	10.36
2017	15.93	10.60
2018	15.98	10.71

尽管我国早就打开了对日出口水产市场，并占据了日本稳定的市场份额，但从日本进口水产品额占比排名前十国家或地区来看，我国出口日本的水产品仍然面临挑战与竞争（表7-5）。2014—2018 年，进口水产品额占比在10%左右的国家包括美国、智利、俄罗斯、挪威和中国，且占比都较为接近，竞争激烈。其中，美国、智利和俄罗斯三国均有不同年份占比超过我国。美国优势较为稳定，有 4 年时间均维持第一位，占比也基本维持在 11% 左右，最高超过 12%；智利则与我国不相上下，占比最高时超过 11%，最少也维持在9% 以上；我国整体上则维持了 10% 左右的占比；俄罗斯相较之下优势较不明显，基本维持在 9% 左右；挪威紧随其后，占比基本保持在 8% 左右。整体来看，日本多源的水产品进口渠道使得各国均保持了较为稳定的进口货源占比，同时也让日本进口水产市场竞争力加大。

表 7-5　2014—2018 年日本进口水产品额占比排名前十的国家或地区　　（单位:%）

2018 年	占比	2017 年	占比	2016 年	占比	2015 年	占比	2014 年	占比
美国	11.40	美国	11.97	美国	10.89	美国	12.31	智利	11.32
智利	10.86	智利	11.10	中国	10.36	智利	10.03	美国	10.63
中国	10.71	中国	10.60	俄罗斯	9.43	中国	9.69	俄罗斯	9.76
俄罗斯	10.69	俄罗斯	9.43	智利	9.35	俄罗斯	8.52	中国	9.67
挪威	8.00	挪威	7.92	挪威	8.87	挪威	8.12	挪威	7.59
越南	4.84	越南	5.38	韩国	4.97	越南	5.06	越南	5.33
亚洲其他国家（地区）	4.45	亚洲其他国家（地区）	4.81	亚洲其他国家（地区）	4.84	韩国	4.85	印度尼西亚	5.04
韩国	4.15	韩国	4.56	越南	4.71	印度尼西亚	4.51	韩国	4.86
印度尼西亚	3.95	印度尼西亚	4.11	印度尼西亚	4.30	亚洲其他国家（地区）	4.48	亚洲其他国家（地区）	4.08
印度	3.55	加拿大	3.76	印度	3.73	加拿大	3.76	印度	3.85

如何在高度竞争的日本进口水产市场中维持我国优势，应从对日不同类型出口水产品种入手，加大优势品种的稳定输出。从出口水产品净重来看，我国出口日本不同类型的水产品净重差距较大，不同类型产品的消费趋势也有着较大的区别。整体上，我国出口日本的水产品净重维持着比较稳定的发展，从 1995 年的 25 万吨增加至 2018 年的 33 万吨，涨幅达 32%。但出口的水产品净重峰值为 2002 年的 56 万吨，该峰值仅维持了一年，从 2003 年起就恢复了 30 万—40 万吨的出口量，且此后一直在该区间内上下波动。

尽管我国对日本出口水产品净重整体变化较小，但不同类型的水产品出口净重区别较大（图 7-16）。其中，变化最大的为Ⅲ类水产。Ⅲ类水产在 20 世纪末期出口在 3 万吨左右，自 1999 年起迅速上升，一跃达到了 12 万吨，并在此后维持高位，2001 年达到峰值 22 万吨，也是我国出口日本所有类型水产品中，单一年份出口净重最高的水产。但此后Ⅲ类水产的出口净重呈现断崖式下跌，至 2005 年出口净重跌到 4 万吨左右，不足 2001 年出口净重的 1/5。此后Ⅲ类水产的出口净重一直维持在 4 万—10 万吨。但Ⅲ类水产的短期迅速增长并非良性，这也是该增长不能维持的重要因素，该原因在下文中的出口额与出口价格分析中会有体现。Ⅶ类水产在 1995—2004 年发展较为平稳，最高达 2002 年的 20 万吨，平均则维持在 12 万吨左右。但 2005 年Ⅶ类水产出现明显的下降，出口净重为 8 万吨左右，较 2004 年下降了 23% 左右；但此后一直发展平稳，维持在 8 万吨左右，变化较小。出口净重的下降意味着该类型产品在日本水产市场的竞争力下降，也意味着水产品进口需求的变化，但多年来稳定的发展趋势则表示我国在Ⅶ类水产的对日出口方面仍然占据着稳定的份额与优势，按照目前发展态势，该份额将继续维持平稳。出口水产品净重最高的是Ⅳ类水产。Ⅳ类水产在 1995 年时并无优势，出口净重不足 3 万吨，但此后迅速上升，自 2002 年上升至 11 万吨后，一直维持在 10 万吨以上，并一直维持稳定的上升态势，2017 年达到峰值，近 18 万吨。可以看出，相比整鱼的消费需求，日本对于鱼排、鱼肉块及其他类型的初加工鱼类产品的消费需求更高，且目前中日两国间已形成了稳定的鱼类产品贸易通道，是我国面向日本出口水产品的最畅通途径。

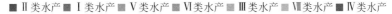
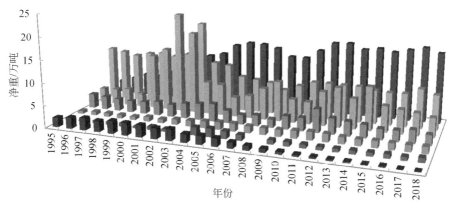

图 7-16　中国出口日本不同类型水产品净重

　　我国面向日本的水产出口额整体呈现出较为稳定的上升态势，从 1995 年的近 10 亿美元发展至 2018 年的 20 亿美元，翻了一番。其中，不同类型的水产品出口额发展态势各不相容，但整体来看起伏趋势较为平滑，大多呈现出较为稳定的上升发展（图 7-17）。7 类水产品中，唯一一类出口额下降明显的是 II 类水产。II 类水产从 1995 年的 1.23 亿美元出口额下降至 2018 年的 0.07 亿美元，在所有水产品年出口额中为最低。可见，日本对于整鱼的需求不断降低，我国在该领域的产品出口也必将面临困境。V 类水产和 I 类水产出口额变化较为相似，两类均在 1995—2002 年经历了一段下降过程，后开始上升，至 2018 年前者出口额为 0.94 亿美元，后者骤然上升至 2.47 亿美元，比 2017 年的 1.50 亿美元上升了 65%。整体来讲，V 类水产出口额的增长则相对更加稳定，I 类水产的上升幅度和研究期间的涨跌幅度则更为明显，但整体仍然呈现出明显优势。III 类水产出口额整体呈现波动上升态势，近 5 年均维持在 2 亿美元左右。结合图 7-16，III 类水产出口净重在 1999—2002 年分别为 12.35 万吨、14.14 万吨、22.41 万吨和 18.36 万吨；而这四年出口日本的 III 类水产出口额均不超过 1.6 亿美元，平均出口价格仅为 0.83 美元/千克，是各类水产品中价格最低的一类，也是研究期内 III 类水产价格最低的时期。相比此前一段时期与 2003 年以后的 III 类水产出口价格，1999—2002 年的过低出口价格显然不符合正常市场规律，而后续出口净重的下降与出口额的波动上升反而更能体现出良性市场竞争带来的变化，反映出我国出口日本的 III 类水产在日本进口水产市场的稳定份额与相对平稳的价格变化。

　　VII 类水产和 VI 类水产的出口额变化较为相似，两者均经历了两轮较大波动后在近几年维持平稳发展态势。VII 类水产和 VI 类水产的出口额在 1995 年名列前两位，当其他类型水产品出口额维持在 1 亿美元左右时，这两类水产额出口额均超过了 2 亿美元，是我国出口日本的传统优势品种。两者在 1998 年以前出口额均经历了不同程度的下降，并在此后的 10 年间经历了一段较为稳定的波动，到 2008 年出口额降至最低点，VII 类水产和 VI 类水产的出口额分别为 1.96 亿美元和 1.05 亿美元，这与 2008 年全球经济不景

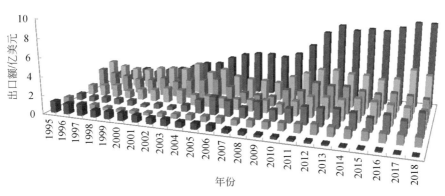

■ Ⅱ类水产 ■ Ⅰ类水产 ■ Ⅴ类水产 ■ Ⅵ类水产 ■ Ⅲ类水产 ■ Ⅶ类水产 ■ Ⅳ类水产

图 7-17 中国出口日本不同类型水产年出口额

气，日本消费能力的陡然下降密切相关。此后两者的出口额迅速回升并平稳发展，在这段时期Ⅶ类水产出口额上升更加明显，至 2018 年Ⅶ类水产的出口额已达到 4 亿美元以上，而Ⅵ类水产的出口额则稳定维持在 2.5 亿美元上下。Ⅳ类水产出口额在 1995—2018 年上升幅度最大，从 1995 年的 0.92 亿美元上升至 2018 年的 9.03 亿美元，增长了近 9 倍。自 2003 年起，Ⅳ类水产就成为所有水产品类型中出口额最高的一个，并在此后一直保持，2018 年较排名第二的Ⅶ类水产出口额多一倍。不同于整鱼类产品出口稳定甚至略有下降的发展趋势，鱼排、鱼块及其他切割鱼肉制品在日本的市场前景良好，近年来无论是出口净重还是出口额均呈现出体量最大且发展稳定态势，充分说明我国在鱼排、鱼块及其他初加工鱼肉制品领域的对日贸易已形成良好对接，未来合作将更加顺畅。

不同类型的水产品价格随全球市场变化较大，但整体上我国近年来对日贸易的水产品价格呈现出了较为稳定的上升态势，未见其中任意一种水产品价格明显下降（表 7-6）。价格最高的是Ⅰ类水产，其自 2010 年起价格就远超其他几类水产品，且仍在不断上升中，至 2018 年已到达 24.49 美元/千克，也是唯一一类价格超过 20 美元/千克的出口日本水产品类型。由于Ⅰ类水产

出口难度较高,且日本对于鱼类产品的消费需求较高,该类型产品的价格
居高不下;同样由于其难以储存、难以运输的限制,我国近年来出口至日
本的活鱼净重一直未见明显上升。未来,活鱼出口日本将是我国发展对日
海洋经济的优势领域。其他整鱼类产品,如Ⅱ类水产和Ⅲ类水产价格同样
有所上升,前者从 2010 年的 3.98 美元/千克上升至 2018 年的 7.76 美元/千
克,翻了将近一番;后者从 2010 年的 3.15 美元/千克上升至 2018 年的
4.37 美元/千克,上升幅度近 40%。从出口日本整鱼类产品的价格来看,
日本对鱼类产品的首要需求是鲜活,因此活鱼产品价格居高不下,其次是
冷鲜,冷冻鱼类价格最低。因此,在整鱼对日出口方面,如何做到保持产
品鲜活将是整鱼类产品获得更高市场地位的重要考虑因素。其他鱼类产品,
如Ⅳ类水产和Ⅴ类水产价格整体均呈现缓慢上升。Ⅳ类水产是我国出口日
本体量最大、出口额最高的产品,其价格在 2010—2018 年也一直保持稳定
的上升,未来可期。Ⅴ类水产作为水产加工食品类,相较其他类未加工水
产品价格应更高,在这里也有所体现。除了鱼类产品外,Ⅵ类水产和Ⅶ类
水产的价格也均呈现出了较为明显的上升,Ⅵ类水产从 2010 年的 6.65 美
元/千克上升至 2018 年的 10.25 美元/千克,上升幅度超过 50%;Ⅶ类水
产则从 2010 年的 4.05 美元/千克上升至 5.29 美元/千克,上升幅度相对
较慢。

表 7-6 2010—2018 年中国出口日本各类水产价格变化 (单位:美元/千克)

年份	各类水产价格						
	Ⅰ类水产	Ⅱ类水产	Ⅲ类水产	Ⅳ类水产	Ⅴ类水产	Ⅵ类水产	Ⅶ类水产
2010	15.75	3.98	3.15	4.12	4.76	6.65	4.05
2011	22.87	5.22	2.89	4.56	4.79	5.75	4.66
2012	25.35	5.75	2.57	5.04	5.82	7.82	4.78
2013	25.85	4.94	3.24	5.12	6.18	8.88	4.43
2014	21.85	4.11	2.53	5.14	6.48	8.75	4.77
2015	17.55	5.28	3.93	5.23	5.98	9.95	4.43

续表

年份	各类水产价格						
	I类水产	II类水产	III类水产	IV类水产	V类水产	VI类水产	VII类水产
2016	20.88	5.47	4.02	5.28	6.16	10.74	4.66
2017	18.79	7.87	4.10	5.41	6.58	8.61	5.18
2018	24.49	7.76	4.37	5.74	6.19	10.25	5.29

作为拥有悠久进口水产品历史的日本，其水产品进口渠道和进口体量都维持较高水平，且其与欧美国家合作度一直较高，因此我国水产品早年间在日本并无太大优势。随着我国水产养殖业的高速发展，水产品种类和产量迅速增高，近年来我国基本稳定保持日本进口水产市场的1/10，占比可观。而从我国水产品出口市场来看，20世纪日本是我国最大的水产品出口对象，随着中国加入世界贸易组织（World Trade Organization，WTO），水产品出口市场不断扩大，日本远不能消化我国高速扩大的水产品规模，因此其在我国水产品出口市场中的占比不断减少，近年来一直维持着我国水产品出口市场约1/7的占比。日本水产品进口货源相对分散，中国、美国、俄罗斯、智利等国家均是日本进口水产品的重要源头。尽管中国在地理位置上拥有明显优势，但如何在众多水产大国中保持优势，将是我国未来在日本市场中面临的重要竞争内容。在不同类型水产品贸易方面，我国在冷冻整鱼类产品上曾有过一段体量庞大但价格低廉的对日贸易历程，这为未来我国对日本的水产贸易敲下了警钟。目前IV类水产是我国对日出口体量最大、出口额最高的产品，这与日本鱼类消费习惯相符，相比整鱼，日本明显更易接受初加工后的鱼类产品。尽管这类产品在价格上保持稳定上升，但相比活鱼价格，明显后者更加拥有优势。我国应充分利用中日优越的地理位置与便利的海运条件，争取将更多的活鱼产品输入日本市场。

（二）中日韩水产品进出口合作潜力分析

从日韩两国水产品出口贸易整体趋势来看，我国目前均维持着对日韩两国水产贸易的优势。相较而言，中国出口韩国的水产品额略少于日本，但中国在韩国水产品进口市场中的份额却高出中国在日本水产进口市场中的份额一倍多。这一方面说明我国水产品在韩国水产品进口市场的地位较日本稳固，另一方面反映出日本进口水产品市场体量大于韩国。日韩两国对不同类型水产品的消费重点存在十分明显的差异。鱼类产品方面，整体上日本对于新鲜的鱼类产品消费需求更高，而韩国则更加注重深加工鱼类产品。目前我国出口日本额度最高的是鱼排、鱼块及其他切割鱼肉制品；出口韩国最多的鱼类产品则是冷冻整鱼。尽管冷冻整鱼在韩国市场对我国需求更高，但其价格却明显低于日本，且仍在持续走低，未来该类产品在韩国的发展仍然有待观望。日本对于活鱼的消费需求与消费期望明显更高，其出口日本的价格是韩国的3—4倍，活鱼类产品未来可以加强对日推广。熏制、风干或卤制的鱼产品或鱼粉等深加工鱼类产品在韩国的价格则高于日本。除鱼类产品外，韩国在贝类上的进口能力明显上涨，值得推广；而日本对虾蟹类的消费需求明显较韩国高，其出口价格涨幅也明显高于韩国。整体来看，日韩两国在进口我国水产品方面各有侧重，两者重合较少，对我国而言，不同类型产品的出口对象也应各有侧重，以达到优化进出口贸易，促进产业链深度融合，让链条上下游均能获取更多利润。

参 考 文 献

曹前满.2012. 东北亚城市与海洋研究[D].上海:华东师范大学博士学位论文.

陈慧.2018. 基于数据挖掘的海洋经济特征分析及可视化研究[D].武汉:武汉大学硕士学位
  论文.

陈默.2014. 中国援助的非洲模式及其对非洲发展影响的研究[D].上海:上海外国语大学博士
  学位论文.

范洋.2018."一带一路"指数研究综述与分析[J].中国经贸导刊(理论版),(8):54-58.

冯根尧,冯千驹.2018."一带一路"周边国家文化创新力的国际比较研究与启示[J].国际商务
  研究,(3):51-62.

共同社.2018. 三井 E&S 造船与中企成立合资公司 主攻能源运输船[N/OL]. http://
  www. mofcom. gov. cn/article/i/dxfw/cj/201810/20181002795926. shtml[2018-10-16].

国际船舶网.2016.CSDC 联合合作伙伴获得日立造船 SCR 独家经销权[N/OL]. http://
  www. eworldship. com/html/2016/Manufacturer_0630/116993. html[2016-06-30].

国际船舶网.2018. 扬子江船业联手日本三井成立合资船企[N/OL]. http://www. eworldship.
  com/html/2018/Shipyards_1012/143683. html[2018-10-12].

国家发展改革委,外交部,商务部.2015. 推动共建丝绸之路经济带和21世纪海上丝绸之路的愿
  景与行动[OL]. https://www. yidaiyilu. gov. cn/yw/qwfb/604. htm[2015-03-29].

国家信息中心"一带一路"大数据中心.2017."一带一路"大数据报告(2017)[M].北京:商务印
  书馆.

国家信息中心"一带一路"大数据中心.2017."一带一路"国别合作度评价报告(2016)[M].北
  京:商务印书馆.

国务院.2012. 国务院关于印发全国海洋经济发展"十二五"规划的通知[OL]. http://
  www. gov. cn/zwgk/2013-01/17/content_2314162. htm[2012-9-16].

哈显贵.2019. 中韩船舶制造业影响因素比较分析[D].大连:辽宁大学硕士学位论文.

Huang Y Y,Fischer T B,Xu H.2018. 中国对外直接投资战略环评利益相关者分析:以巴基斯坦
  "一带一路"倡议为例[J].环境影响评价,233(2):114-115.

贾宇.2012. 南海问题的国际法理[J].中国法学,(6):26-35.

李芳芳,王璐璐,高素梅,等.2017."一带一路"国家工业和信息化发展指数报告[J].产业经济
  评论,(5):118-126.

李岚晟,孟庆军,张长征.2018."一带一路"金融互联互通中政治、经济与技术等风险研究[J].
财会学习,(7):155-156.

刘大海,欧阳慧敏,李森,等.2017.全球蓝色经济指数构建研究——以 G20 沿海国家为例[J].
经济问题探索,(6):175-182.

陆亚男,王茜,缪圣赐,等.2017.战后日本渔业的兴衰与变化:1946-2016(上)[J].渔业信息与
战略,32(4):295-301.

马强.2015.中国已是缅甸最大贸易伙伴和最大投资来源国中缅拓展经贸投资合作面临的六大
挑战与七大机遇[J].中国经济周刊,(23):22-23.

马鑫.2015.中国对韩国船舶出口贸易潜力研究[D].青岛:中国海洋大学硕士学位论文.

秦宏,王槊,卢云云.2018.韩国、日本和印度3国水产养殖保险特征及对中国的启示[J].世界农
业,(8):153-159.

申万.2017."一带一路"海外煤炭投资风险与对策[J].煤炭经济研究,37(11):27-31.

史庆斌.2019.中国海洋经济重心迁移及其驱动要素分析[D].大连:辽宁师范大学硕士学位
论文.

宋倩倩,李雪静,熊杰,等.2018.基于全球能源格局调整和"一带一路"倡议背景下的油气合作
研究[J].中外能源,23(3):1-9.

孙萍.2018.东北亚海洋经济重心演变及影响因素分析[J].中国集体经济,(11):167-168.

孙悦琦.2018.韩国海洋经济发展现状、政策措施及其启示[J].亚太经济,206(01):84-91.

王令.2003.日本的海水养殖业[J].畜牧兽医科技信息,19(1):40-41.

王茜,缪圣赐,李励年,等.2018.战后日本渔业的兴衰与变化:1946-2016(下)[J].渔业信息与
战略,33(1):58-62.

王倩,肖仁强.2012.中船集团董事长会见三井造船社长[N/OL].http://wap.eworldship.com/in-
dex.php/eworldship/news/article?id=58133[2012-09-09].

谢泽锋.2019.造船业巨无霸诞生[J].英才,(4):17.

薛澜,翁凌飞.2018.西方对外援助机构的比较与借鉴——改革中国的对外援助模式[J].经济
社会体制比较,(1):107-113.

杨青龙,吴倩.2018."一带一路"国家的贸易便利化水平测算及评价[J].江淮论坛,(2):50-56.

于莹,刘大海,安晨星.2019.21世纪海上丝绸之路合作评价体系构建与应用——基于中国与海
丝路沿线国家指数分析[J].南海学刊,5(2):90-99.

岳惠来.2017. 促进东北亚海洋经济合作共建"一带一路"[J].东北亚经济研究,1(4):5-11.

张碧琼,卢钰,邢智晟,等.2018. 中国对一带一路沿线投资的风险和导向[J].开放导报,(2):29-33.

张海冰.2011. 中国对非洲发展援助的阶段性特征分析[J].上海商学院学报,12(5):17-20.

张伟.2017. 中国"一带一路"建设的地缘战略研究[D].长春:吉林大学博士学位论文.

赵旭.2019. 中韩FTA对韩国水产品海外出口的影响[J].金融经济,2(4):28-30.

中国船舶网.2013. 文冲船厂与兵神公司签订合资合同[N/OL].中国船舶网,http://www.cnshipnet.com/news/8/39314.html[2013-01-04].

驻哈巴罗夫斯克总领馆经商室.2017. 韩国政府计划为开发北方航道建造专用破冰船[OL].http://www.mofcom.gov.cn/article/i/jyjl/e/201711/20171102666715.shtml[2017-11-07].

附　　录

附录一 "海丝路"海洋经济合作指数与分指数得分

附表1 "海丝路"海洋经济合作指数得分

国家	2005年	2006年	2007年	2008年	2009年	2010年	2011年	2012年	2013年	2014年	2015年	2016年	2017年	2018年
韩国	70.53	68.49	76.89	80.71	76.09	75.75	77.66	72.43	77.05	76.22	75.38	79.83	77.46	75.80
俄罗斯	53.46	64.04	50.27	54.26	67.35	50.76	68.21	67.37	68.48	68.66	69.29	67.67	62.96	66.49
新加坡	49.47	46.62	47.16	48.63	47.93	47.97	52.43	49.74	49.42	50.23	56.31	53.52	58.70	59.86
马来西亚	40.79	35.62	35.01	34.98	45.15	41.11	43.64	40.76	53.88	58.61	51.56	57.60	53.73	61.01
菲律宾	40.40	35.36	45.44	36.78	39.59	38.07	51.50	37.79	38.85	40.41	39.57	41.05	49.84	57.24
泰国	33.08	33.43	33.58	34.98	32.75	30.88	36.13	56.58	45.58	46.82	45.18	52.46	52.40	49.07
越南	23.27	33.22	34.60	40.98	34.55	33.88	42.87	33.06	50.92	40.38	49.51	46.99	60.39	46.05
巴基斯坦	36.22	38.72	43.41	48.80	31.90	44.00	38.85	26.66	37.38	39.05	40.19	39.81	42.43	51.40
印度尼西亚	35.50	28.53	33.97	39.34	42.36	39.09	39.49	40.32	45.34	32.81	31.53	35.72	37.23	46.02
新西兰	26.14	27.90	26.39	27.69	25.67	31.28	35.09	30.99	31.32	54.76	48.51	36.28	35.65	33.16
斯里兰卡	30.96	24.03	34.83	23.56	24.69	22.62	22.34	23.52	34.57	36.35	33.37	43.55	36.81	34.63
马尔代夫	20.08	28.07	25.20	25.65	28.42	27.34	26.37	24.35	24.40	37.03	29.82	31.52	43.12	34.23
意大利	24.29	26.48	27.08	27.53	28.57	27.74	27.42	24.70	25.46	34.64	24.90	33.12	33.52	31.51
文莱	25.77	25.17	24.83	24.43	28.00	21.93	21.82	24.23	29.96	27.45	29.85	29.58	30.95	29.78
葡萄牙	33.43	21.12	21.41	23.06	23.94	24.13	24.52	22.76	22.82	23.69	23.37	28.34	30.57	39.39
萨摩亚	22.81	22.81	20.65	20.61	23.17	24.26	25.27	25.08	23.48	26.55	27.20	29.89	28.39	32.48

续表

国家	2005年	2006年	2007年	2008年	2009年	2010年	2011年	2012年	2013年	2014年	2015年	2016年	2017年	2018年
智利	22.98	22.58	21.50	35.49	21.80	20.79	21.56	20.33	20.72	22.50	26.04	33.78	32.95	28.15
南非	20.51	22.52	26.32	22.86	20.10	21.58	26.02	22.09	29.64	25.11	24.72	28.41	28.50	28.88
波兰	17.90	21.18	20.16	22.10	22.26	22.71	35.03	23.01	23.31	23.97	25.01	32.94	25.25	27.17
土耳其	19.20	18.82	18.77	19.93	20.50	33.36	23.25	22.30	22.94	23.76	26.52	27.35	26.83	26.98
塞舌尔	17.50	19.76	16.57	15.64	16.61	16.53	17.82	19.05	23.71	23.68	27.46	36.49	35.25	36.38
坦桑尼亚	16.59	21.88	22.23	21.80	23.05	21.41	21.16	19.46	27.89	21.82	22.05	24.36	24.17	26.98
孟加拉国	24.27	18.29	24.13	19.64	20.75	19.72	19.53	18.82	19.60	30.33	18.65	25.26	22.25	20.77
克罗地亚	26.98	19.93	19.88	21.36	21.66	20.62	20.80	19.37	19.41	19.89	19.60	22.31	22.36	20.27
马耳他	16.31	18.35	16.56	18.88	18.80	26.70	27.39	24.40	23.67	23.58	22.52	16.95	16.10	18.90
柬埔寨	11.15	20.95	14.64	14.53	13.82	17.22	18.58	26.28	21.36	17.85	17.87	33.32	27.56	28.70
佛得角	10.26	16.57	13.68	16.35	23.18	24.10	24.30	20.12	21.16	20.66	23.04	20.31	19.96	27.60
缅甸	11.94	13.39	12.98	15.79	14.70	15.31	20.30	21.23	23.78	27.77	18.64	27.50	23.28	20.22
莫桑比克	11.72	14.32	24.72	15.73	17.58	15.99	18.81	15.22	14.35	14.05	14.84	26.52	22.12	23.07
爱沙尼亚	13.53	12.58	11.31	14.64	15.00	17.57	19.96	17.56	18.36	19.29	19.90	18.52	19.91	19.62
斐济	11.88	18.99	12.97	13.36	14.92	13.84	14.51	11.53	11.66	16.36	21.66	24.58	22.65	23.85
吉布提	11.87	14.99	14.13	18.72	15.55	14.80	15.93	13.98	15.96	16.64	15.62	17.59	20.30	20.67
肯尼亚	6.84	18.25	11.54	11.51	12.73	12.59	9.77	8.37	9.51	24.22	12.40	12.85	13.35	14.32
马达加斯加	11.73	14.27	12.48	12.51	12.74	12.10	15.08	10.33	10.12	11.40	10.11	12.16	13.69	13.33

附表 2　合作政策分指数得分

国家	2005 年	2006 年	2007 年	2008 年	2009 年	2010 年	2011 年	2012 年	2013 年	2014 年	2015 年	2016 年	2017 年	2018 年
俄罗斯	100.00	100.00	52.38	81.13	100.00	38.10	100.00	97.82	98.60	98.00	100.00	100.00	72.49	67.79
巴基斯坦	87.88	81.53	100.00	100.00	45.00	100.00	78.75	41.27	93.28	94.00	90.07	83.06	68.25	100.00
越南	30.30	40.42	52.38	79.25	45.00	42.86	70.31	41.27	100.00	55.00	91.38	67.79	100.00	36.24
印度尼西亚	69.70	27.18	57.14	67.92	45.00	42.86	42.19	55.02	84.73	36.67	33.33	42.50	44.44	71.14
韩国	20.20	15.10	44.44	60.38	53.33	50.79	50.00	48.91	67.23	63.67	58.25	71.47	58.73	53.02
孟加拉国	66.67	36.24	38.10	45.28	46.67	44.44	43.75	42.79	43.14	87.67	42.42	67.48	50.79	42.95
斯里兰卡	86.87	28.69	64.22	18.87	16.67	15.87	15.63	29.04	68.91	67.00	54.55	90.16	57.14	48.32
泰国	22.22	16.61	17.46	20.75	18.33	17.46	34.06	100.00	67.37	68.33	62.12	83.24	72.49	55.03
柬埔寨	20.20	49.59	15.87	18.87	16.67	34.92	34.38	70.96	51.96	36.67	33.33	94.65	62.96	66.44
土耳其	38.38	28.69	30.16	35.85	31.67	83.33	42.19	41.27	41.60	45.00	47.49	52.16	42.86	36.24
葡萄牙	90.91	27.18	28.57	33.96	30.00	28.57	28.13	27.51	27.73	30.00	27.27	46.36	49.21	77.18
马来西亚	36.36	9.06	9.52	11.32	32.50	23.81	31.25	30.57	57.84	72.67	51.52	69.72	47.09	61.07
智利	30.30	22.65	23.81	79.25	25.00	23.81	23.44	29.04	29.27	31.67	46.19	71.52	64.55	43.62
南非	28.28	21.14	50.79	26.42	23.33	30.16	29.69	29.04	61.20	41.67	37.88	54.09	49.74	42.28
菲律宾	46.46	21.14	61.78	26.42	23.33	22.22	72.50	21.40	21.57	23.33	21.21	27.04	51.32	67.11
波兰	30.30	22.65	23.81	28.30	25.00	23.81	71.88	29.04	29.27	31.67	35.37	69.90	36.51	30.87
缅甸	22.22	16.61	17.46	20.75	18.33	17.46	35.94	35.15	49.30	73.33	34.85	65.86	43.92	30.87
克罗地亚	69.70	27.18	28.57	33.96	30.00	28.57	28.13	27.51	27.73	30.00	27.27	38.81	35.98	24.16

续表

国家	2005年	2006年	2007年	2008年	2009年	2010年	2011年	2012年	2013年	2014年	2015年	2016年	2017年	2018年
意大利	28.28	21.14	22.22	26.42	23.33	24.60	21.88	21.40	21.57	59.33	21.21	46.86	39.15	24.83
马尔代夫	20.20	15.10	15.87	18.87	16.67	15.87	15.63	15.28	15.41	63.33	30.30	38.63	77.78	34.90
文莱	40.40	16.61	17.46	20.75	19.83	17.46	20.00	18.78	43.14	31.67	28.79	36.70	37.57	25.50
新西兰	12.12	9.06	9.52	11.32	10.00	9.52	9.38	9.17	9.24	100.00	36.36	46.36	45.50	32.21
斐济	12.12	31.01	9.52	11.32	10.00	9.52	9.38	9.17	9.24	23.33	45.45	57.95	47.62	50.34
新加坡	12.12	9.06	11.72	11.32	10.00	9.52	23.44	22.93	23.11	25.00	47.13	36.70	37.57	50.34
坦桑尼亚	20.20	15.10	15.87	18.87	16.67	15.87	15.63	15.28	47.34	26.67	24.24	30.91	25.40	26.17
萨摩亚	33.33	9.06	9.52	11.32	10.00	9.52	17.19	16.81	16.95	31.67	28.79	36.70	30.16	35.57
塞舌尔	12.12	9.06	9.52	11.32	10.00	9.52	9.38	9.17	33.89	36.67	33.33	42.50	34.92	34.23
莫桑比克	12.12	9.06	46.89	11.32	10.00	9.52	9.38	9.17	9.24	10.00	9.09	59.88	34.92	34.23
吉布提	22.22	16.61	17.46	37.74	18.33	17.46	17.19	16.81	16.95	18.33	16.67	21.25	17.46	19.46
马耳他	12.12	9.06	9.52	18.87	16.67	15.87	15.63	15.28	15.41	16.67	15.15	19.32	15.87	18.12
肯尼亚	4.04	33.33	3.17	3.77	3.33	3.17	3.13	3.06	3.08	63.67	15.15	19.32	15.87	18.12
爱沙尼亚	12.12	9.06	9.52	11.32	10.00	9.52	9.38	9.17	9.24	10.00	9.09	15.63	18.52	9.40
佛得角	4.04	3.02	3.17	3.77	3.33	3.17	3.13	3.06	3.08	3.33	9.09	11.59	9.52	12.75
马达加斯加	4.04	3.02	3.17	3.77	3.33	3.17	3.13	3.06	3.08	3.33	3.03	3.86	10.58	2.68

附表 3 基础建设分指数得分

国家	2005 年	2006 年	2007 年	2008 年	2009 年	2010 年	2011 年	2012 年	2013 年	2014 年	2015 年	2016 年	2017 年	2018 年
新加坡	100.00	100.00	100.00	100.00	100.00	100.00	100.00	100.00	100.00	100.00	100.00	100.00	100.00	100.00
马来西亚	50.97	55.74	56.30	57.85	65.96	59.43	55.54	51.05	77.88	79.67	79.18	85.43	98.19	97.08
韩国	61.94	63.79	63.10	62.45	68.04	66.83	66.22	58.93	63.29	64.76	64.18	68.87	74.39	74.91
印度尼西亚	15.15	35.79	37.65	38.11	78.41	71.09	69.53	63.55	50.80	50.31	49.05	54.39	54.98	55.49
菲律宾	30.88	43.24	43.69	43.83	52.83	47.37	46.19	50.21	53.57	54.23	53.69	54.07	60.27	60.10
泰国	20.77	34.06	34.13	34.25	40.60	35.65	36.15	59.81	47.52	48.43	46.91	50.30	57.89	58.76
巴基斯坦	15.23	33.26	33.41	55.38	51.45	45.03	44.04	38.43	31.88	32.13	41.28	44.90	59.77	60.00
斯里兰卡	3.97	34.68	45.71	45.55	46.34	40.71	40.61	34.60	33.69	39.34	39.34	41.62	47.10	46.63
意大利	22.19	38.52	37.28	35.89	39.97	37.94	37.31	33.10	36.80	36.57	36.22	43.13	52.63	52.25
越南	4.10	22.38	23.38	23.87	38.90	34.65	34.02	30.23	32.66	34.00	31.82	35.74	41.39	42.87
新西兰	2.59	20.29	20.21	19.71	18.45	45.76	49.08	43.85	46.86	47.64	44.85	24.31	23.22	21.62
马尔代夫	0.00	31.58	31.67	31.71	33.34	32.74	31.78	29.02	30.69	31.48	29.82	31.56	33.85	34.34
坦桑尼亚	0.00	32.26	32.91	33.14	36.18	30.69	29.65	25.75	28.35	27.36	29.19	31.97	34.50	35.41
文莱	0.00	23.07	22.91	22.85	31.15	27.19	25.92	28.04	29.48	30.47	31.78	28.60	21.81	22.30
吉布提	0.00	20.83	20.44	19.78	22.86	18.89	18.85	18.39	27.18	28.74	27.21	28.79	39.21	40.02
马耳他	2.24	11.91	12.35	12.91	14.55	42.98	41.67	34.56	35.90	36.27	37.07	15.33	14.13	15.18
莫桑比克	0.00	14.42	18.83	22.96	26.67	24.98	26.63	21.93	23.73	25.05	23.95	24.76	28.83	29.19
葡萄牙	1.46	15.73	15.70	15.33	20.23	23.80	23.59	23.36	24.79	26.85	27.77	27.07	29.92	31.01

139

续表

国家	2005年	2006年	2007年	2008年	2009年	2010年	2011年	2012年	2013年	2014年	2015年	2016年	2017年	2018年
土耳其	5.13	18.43	18.66	18.65	19.77	20.23	20.37	18.53	20.80	20.74	27.91	26.95	34.06	34.92
俄罗斯	2.92	21.46	21.61	21.58	24.20	21.78	21.72	19.54	22.17	21.75	22.45	21.04	24.07	24.39
波兰	0.00	18.32	18.49	17.85	19.63	21.45	21.95	19.99	22.70	24.18	23.90	21.13	22.53	23.85
克罗地亚	0.15	19.24	19.46	19.68	21.65	20.59	20.29	17.92	19.40	20.77	22.10	18.49	21.11	19.92
肯尼亚	0.00	17.65	18.26	18.20	24.78	18.20	17.43	16.34	17.77	16.67	17.34	18.65	20.15	22.00
缅甸	0.00	13.33	15.49	17.42	16.34	15.60	15.72	12.32	13.48	13.62	16.52	17.30	22.59	20.89
爱沙尼亚	0.00	0.00	0.20	9.12	9.85	19.65	20.36	19.97	23.34	27.21	30.09	17.99	14.19	14.99
南非	5.03	15.03	13.93	13.14	14.17	14.54	14.91	12.78	14.04	14.37	14.06	13.88	17.51	16.60
孟加拉国	1.31	11.10	10.90	10.83	13.72	11.72	11.41	13.18	15.09	17.12	16.30	17.53	21.57	20.75
萨摩亚	0.00	14.14	14.39	14.63	16.01	19.27	19.31	10.47	11.17	14.83	10.82	12.45	12.30	12.59
智利	2.92	10.92	11.17	11.39	12.37	12.20	12.10	11.21	11.94	11.97	12.32	12.08	13.63	12.92
马达加斯加	0.00	11.82	12.10	12.28	13.55	11.13	11.10	9.39	9.34	9.22	8.65	11.43	11.72	15.14
斐济	0.00	11.76	11.71	11.65	12.57	10.77	10.63	8.84	9.77	10.34	9.85	9.93	10.88	10.78
佛得角	0.00	11.24	11.12	11.00	12.52	10.66	10.59	9.35	10.10	9.10	9.92	9.65	10.53	10.46
柬埔寨	0.00	10.16	10.50	10.53	12.09	9.45	9.25	8.28	8.88	8.70	8.20	8.64	13.64	14.97
塞舌尔	0.00	11.47	0.00	0.00	0.00	1.30	2.46	2.23	3.33	3.45	7.39	31.27	33.67	34.19

附表 4　贸易投资分指数得分

国家	2005 年	2006 年	2007 年	2008 年	2009 年	2010 年	2011 年	2012 年	2013 年	2014 年	2015 年	2016 年	2017 年	2018 年
俄罗斯	74.36	100.00	88.54	73.53	100.00	100.00	100.00	100.00	100.00	100.00	100.00	100.00	100.00	100.00
韩国	100.00	95.06	100.00	100.00	82.97	85.39	94.42	81.90	77.69	76.44	79.10	78.97	76.71	75.29
萨摩亚	40.65	54.95	45.41	41.45	53.50	55.85	51.44	60.05	58.58	56.81	67.51	68.83	68.51	66.67
越南	49.39	58.23	50.45	49.01	42.56	42.79	45.72	39.20	43.14	48.01	47.43	56.52	71.70	64.62
塞舌尔	36.01	47.20	40.23	36.89	44.35	42.83	44.51	44.63	44.09	43.40	58.47	56.44	55.66	56.05
泰国	54.39	51.79	55.56	55.94	43.56	41.81	43.09	38.26	40.65	43.00	43.45	45.28	48.00	44.68
新西兰	60.60	50.25	44.46	46.81	41.75	39.19	45.95	37.39	38.09	41.31	83.39	42.43	40.15	36.95
佛得角	14.46	28.57	16.79	24.02	50.84	60.05	56.28	41.62	48.61	51.22	50.17	43.48	42.15	51.61
马来西亚	49.56	45.16	40.54	37.29	44.46	43.24	43.26	36.47	34.80	37.11	33.41	32.79	32.56	32.52
智利	50.99	49.17	38.29	39.26	37.54	36.11	38.38	29.08	29.60	33.53	33.18	37.08	38.93	39.21
马尔代夫	41.03	47.58	34.79	29.68	36.84	34.48	32.94	30.82	29.96	33.57	38.11	32.42	36.97	32.87
菲律宾	37.20	33.33	28.99	27.30	33.49	33.17	33.16	26.74	27.12	28.54	29.45	29.96	32.17	31.16
新加坡	40.37	35.32	29.74	29.68	32.19	32.13	32.38	25.08	24.95	25.21	27.47	25.61	26.06	25.97
文莱	36.48	32.57	27.35	25.26	30.11	30.68	30.21	22.65	22.32	22.16	32.10	23.91	23.38	23.08
印度尼西亚	34.78	27.52	19.92	28.11	23.37	23.74	26.35	24.21	27.27	26.16	25.49	26.28	28.12	28.98
南非	21.80	28.13	16.09	25.99	16.81	17.67	32.76	24.09	23.75	24.59	27.36	24.52	24.61	25.37
缅甸	22.55	20.89	16.63	21.01	20.26	24.27	23.93	28.43	28.48	20.49	19.88	19.35	20.57	18.88
斐济	21.97	22.65	18.95	19.87	23.58	24.46	24.31	17.07	19.07	23.69	21.39	19.12	19.03	17.13

续表

国家	2005年	2006年	2007年	2008年	2009年	2010年	2011年	2012年	2013年	2014年	2015年	2016年	2017年	2018年
巴基斯坦	26.37	22.47	21.24	22.70	18.81	19.31	17.86	14.02	13.62	18.06	15.23	14.18	25.65	25.99
波兰	21.45	20.00	18.03	18.77	22.67	21.89	21.16	18.02	18.49	16.85	17.13	16.64	16.64	16.10
马达加斯加	24.12	25.70	21.32	19.44	20.71	20.99	20.78	14.54	14.83	16.65	15.52	14.49	15.58	12.94
葡萄牙	21.16	20.10	17.16	15.68	19.76	20.82	20.59	16.03	16.00	15.63	16.68	16.43	17.90	17.50
意大利	19.73	18.86	17.19	15.22	18.95	19.76	19.82	15.75	16.42	15.45	16.72	17.39	17.08	15.60
孟加拉国	21.38	18.79	40.69	14.93	16.51	17.00	16.88	13.18	13.23	12.61	12.03	11.93	11.78	11.20
斯里兰卡	19.22	18.52	15.54	15.36	17.23	17.12	16.63	12.65	13.31	17.45	17.54	17.09	16.96	16.51
柬埔寨	19.04	16.54	20.84	16.55	16.26	16.41	16.10	12.77	12.77	13.43	16.89	15.50	16.74	14.96
坦桑尼亚	21.55	20.07	17.18	15.65	17.43	17.13	16.59	12.69	12.63	13.69	14.10	13.02	13.83	12.65
土耳其	18.59	16.15	13.68	12.85	15.39	15.58	15.62	15.53	15.06	15.17	16.00	15.66	15.59	15.85
马耳他	18.48	17.41	14.49	13.99	15.81	16.84	16.21	12.61	12.93	13.66	14.07	14.28	14.91	14.59
肯尼亚	19.02	16.89	14.36	17.74	16.86	17.55	15.53	11.84	12.59	14.52	14.80	11.49	12.74	12.25
莫桑比克	20.27	18.48	15.29	14.32	17.05	16.43	16.10	11.98	12.19	12.46	12.93	12.76	12.66	12.02
爱沙尼亚	19.05	16.96	14.48	13.41	16.15	16.32	16.07	12.17	12.11	12.17	12.69	12.27	12.22	12.37
克罗地亚	18.63	16.91	14.28	13.12	15.94	15.99	15.92	11.92	11.63	11.82	12.37	12.22	12.05	12.20
吉布提	18.21	16.23	13.74	12.54	15.30	15.49	15.26	11.27	11.12	11.47	12.59	11.92	15.21	11.47

附表 5 科技交流分指数得分

国家	2005 年	2006 年	2007 年	2008 年	2009 年	2010 年	2011 年	2012 年	2013 年	2014 年	2015 年	2016 年	2017 年	2018 年
巴基斯坦	15.42	17.59	18.99	17.12	12.33	11.67	14.74	12.94	10.74	12.00	14.18	17.11	16.04	19.60
菲律宾	47.05	43.73	47.29	49.56	48.72	49.51	54.16	52.81	53.15	55.53	53.92	53.11	55.58	70.58
韩国	100.00	100.00	100.00	100.00	100.00	100.00	100.00	100.00	100.00	100.00	100.00	100.00	100.00	100.00
柬埔寨	5.34	7.48	11.37	12.16	10.26	8.09	14.57	13.09	11.82	12.59	13.06	14.49	16.87	18.42
马尔代夫	19.08	18.03	18.45	22.35	26.84	26.28	25.14	22.27	21.54	19.72	21.04	23.47	23.89	34.81
马来西亚	26.26	32.52	33.67	33.45	37.70	37.97	44.52	44.95	44.99	45.00	42.14	42.48	37.10	53.35
孟加拉国	7.73	7.04	6.84	7.51	6.10	5.71	6.06	6.12	6.96	3.94	3.85	4.13	4.87	8.18
缅甸	2.97	2.71	2.34	3.97	3.89	3.89	5.61	9.01	3.88	3.63	3.31	7.50	6.04	10.23
斯里兰卡	13.79	14.22	13.87	14.45	18.51	16.77	16.48	17.78	22.37	21.61	22.06	25.34	26.04	27.06
泰国	34.94	31.26	27.19	28.98	28.51	28.60	31.20	28.25	26.77	27.54	28.22	31.02	31.22	37.82
土耳其	14.68	12.03	12.59	12.38	15.20	14.32	14.81	13.86	14.31	14.14	14.67	14.63	14.82	20.92
新加坡	45.40	42.09	47.16	53.52	49.54	50.20	53.90	50.96	49.62	50.70	50.66	51.78	71.18	63.13
印度尼西亚	22.35	23.66	21.15	23.21	22.64	18.66	19.88	18.49	18.56	18.08	18.26	19.71	21.38	28.48
越南	9.29	11.85	12.21	11.78	11.74	15.21	21.43	21.52	27.88	24.51	27.42	27.90	28.48	40.47
文莱	26.18	28.42	31.60	28.86	30.90	12.38	11.17	27.44	24.89	25.52	26.74	29.09	41.04	48.26
佛得角	22.52	23.48	23.64	26.61	26.02	22.51	27.23	26.46	22.84	18.99	22.97	16.53	17.62	35.57
肯尼亚	4.32	5.12	10.35	6.33	5.94	11.45	3.02	2.25	4.60	2.04	2.32	1.94	4.62	4.93
吉布提	7.03	6.28	4.85	4.85	5.70	7.34	12.42	9.44	8.58	8.00	6.01	8.39	9.30	11.72

续表

国家	2005 年	2006 年	2007 年	2008 年	2009 年	2010 年	2011 年	2012 年	2013 年	2014 年	2015 年	2016 年	2017 年	2018 年
马达加斯加	18.75	16.53	13.31	14.55	13.36	13.10	25.31	14.33	13.23	16.40	13.23	18.86	16.86	22.57
莫桑比克	14.50	15.31	17.89	14.33	16.61	13.03	23.16	17.78	12.23	8.69	13.41	8.67	12.07	16.82
南非	26.93	25.77	24.47	25.90	26.08	23.94	26.72	22.45	19.55	19.83	19.56	21.15	22.14	31.28
坦桑尼亚	24.60	20.09	22.98	19.54	21.94	21.95	22.79	24.12	23.24	19.56	20.67	21.55	22.96	33.67
塞舌尔	21.85	11.33	16.51	14.34	12.07	12.48	14.94	20.15	13.51	11.21	10.66	15.76	16.76	21.04
爱沙尼亚	22.93	24.30	21.01	24.72	24.02	24.77	34.03	28.92	28.74	27.76	27.73	28.18	34.71	41.72
波兰	19.84	23.77	20.31	23.48	21.73	23.69	25.14	25.01	22.80	23.18	23.63	24.09	25.33	37.88
克罗地亚	19.46	16.41	17.20	18.69	19.05	17.31	18.88	20.13	18.88	16.98	16.64	19.73	20.29	24.80
马耳他	32.39	35.01	29.90	29.76	28.19	31.09	36.06	35.13	30.45	27.73	23.77	18.89	19.49	27.73
俄罗斯	36.57	34.71	38.58	40.80	45.21	43.17	51.13	52.11	53.17	54.89	54.70	49.66	55.28	73.77
葡萄牙	20.20	21.46	24.22	27.27	25.76	23.33	25.75	24.15	22.77	22.29	21.73	23.50	25.24	31.85
意大利	26.96	27.39	31.64	32.59	32.03	28.64	30.66	28.54	27.03	27.19	25.43	25.09	25.23	33.35
智利	7.73	7.58	12.72	12.04	12.31	11.05	12.33	11.98	12.07	12.84	12.49	14.44	14.70	16.84
新西兰	29.24	31.99	31.36	32.93	32.47	30.67	35.93	33.54	31.07	30.08	29.42	31.99	33.74	41.87
斐济	13.43	10.54	11.72	10.60	13.55	10.59	13.71	11.06	8.58	8.08	9.97	11.30	13.09	17.14
萨摩亚	17.25	13.08	13.28	15.04	13.18	12.39	13.17	13.00	7.23	2.89	1.67	1.58	2.58	15.11

附录二　宏观背景与研究意义

1982 年,《联合国海洋法公约》的生效使得国际社会意识到,海洋是人类生存与发展的资源宝库,也是经济、社会乃至生命的支持系统,海洋的地位日益受到世界各国的高度重视。随着世界经济的快速发展,当今世界正发生着复杂深刻的变化,陆地及陆域资源承载力已达到甚至超过其极限,海洋作为开展经济活动的重要通道和载体,其地位和作用日益显现。"海洋经济等于全球经济"这一论点也在近代世界各国不断的实践中得到了证实:无论作为经济产品的源头——水产品、石油、矿产、化学制品等,还是作为贸易的重要路径——海上航运,海洋已成为全球经济新的生机与活力。以海洋为载体和纽带的市场、技术、信息等合作日益紧密,发展蓝色经济逐步成为国际共识,一个更加注重和依赖海上合作与发展的时代已经到来。与此同时,世界经济持续低迷不振,经济增长动力不足且发展分化,国际金融危机深层次影响继续显现,海洋经济成为实现全球经济复苏的重要动力和源泉,同时也成为世界贸易竞争的主战场。

纵观全球经济的发展历程,尽管海洋经济近年来发展迅速,但全球海洋经济合作仍处于起步阶段,海洋经济合作和发展的现状、未来、机遇和挑战仍然面对大量空白。海洋作为联通各国和各个经济组织间的纽带,受地理位置、经济实力和国家政策等各类因素的影响,海洋经济在不同国家中的发展态势和发展前景也有着区别。对我国而言,作为新兴海洋大国,我国与其他国家在海洋经济合作领域的利益共同点和矛盾突出点各不相同,需要有针对性的分析和研判。并且,借助我国提出的"一带一路"合作倡议,海洋经济的合作与发展也将面临新的挑战和机遇。基于以上问题,本研究深入分析我国与"海丝路"周边国家海洋经济合作水平和发展态势,并尝试总结一般性规律,以供借鉴。

通过对海洋经济合作指数开展评价和分析，能够准确衡量我国与各沿海国家海洋经济合作水平，明确海洋经济合作现状及存在问题，对于推动海洋经济对外合作蓬勃发展、深化国际海洋交流具有一定指导意义。构建我国海洋经济合作指数评价指标体系，并在实践中不断加以优化和完善，有助于向世界传播我国发展经验，提高我国在海洋经济领域话语权，树立国际海洋大国地位。此外，研究能够深入探明我国海洋经济全面开放的水平和程度，对于指导未来我国海洋经济合作向纵深发展、推进"海丝路"建设、打造全方位对外开放新格局、实现海洋强国战略目标等具有一定的政策参考价值。

附录三　概念内涵

当今世界正发生复杂深刻的变化，海洋经济对外合作积极作用愈加明显，开展海洋领域的开放、交流与合作，逐渐成为沿海国家的普遍共识和关注的焦点。一方面，随着经济全球化的节奏逐渐加快，各国海洋经济更多地表现为开放发展、合作发展。另一方面，海洋的复杂性和包容性决定了海洋经济并非是独立发展的，而是与政策制定、基础建设、社会发展、科技创新、人文交流等存在密切联系。海洋经济合作一方面针对重点区域，积极开展与合作伙伴的全方位海洋合作，构建良好、健康、可持续的发展模式；另一方面借助既有的、行之有效的区域与全球合作平台，在更大范围、更高水平、更深层次上开展海洋经济合作，共同打造开放、包容、均衡、普惠的海洋经济合作架构。在合作政策领域，各国开放与包容的政策深刻影响着国际海洋经济合作，是各国开展经济合作的基石；在基础建设领域，海上交通运输频繁，全球通信技术发展，是海洋经济合作交流的基础和保障；在科技交流领域，技术援助、成果共享等越来越受到各国的重视，海洋科技创新蓬勃发展，加之海洋生态问题日益严峻，海洋科技也成为各国解决环境问题的重要手段。因此，海洋经济的开放、合作和发展将涉及经济、社会、基础建设与科技等多个领域，贸易投资和科技交流是海洋经济合作的灵魂与动力，基础建设和合作政策则为其提供稳定的基础保障与社会环境。

基于海洋经济合作的特征，构建用以衡量一个国家或地区海洋经济合作水平的综合指数——海洋经济合作指数，以此来反映一国海洋合作政策开放度、基础建设合作度、贸易投资合作度、工程劳务合作度和科技交流合作度。海洋经济合作指数具体可分为以下 5 个层面：

1) 合作政策，衡量一国对海洋经济合作的政策支持程度，是海洋经济对外开放的基础。该指标下包含合作政策导向、国家政策环境以及合作/谅解备忘录三大方面的二级指标。一国的经济政策深刻影响着该国经济发展的方向，体现着一国的开放程度和国际影响力。国家对外合作政策展示该国对外开展经济合作的意愿，也体现了该国在国际秩序维护、国际经济安全维护等各方面的参与度。国家间经济合作均需在维护公平合理的经贸合作秩序基础上，保障国家海上安全和海洋权益。国家政策环境是企业衡量开展合作的重要凭据，双边合作/谅解备忘录则体现出了双边海洋经济合作的成果与未来导向。

2) 基础建设，反映了为海洋经济国际合作提供基础和保障的基建开放程度，设置了基建合作、基建能力、海运联通三个二级指标。海上贸易对海上交通依赖度极高，一国的海、陆、空等运输能力深刻影响着海洋经济合作的效率。随着交通运输体系的完善，社会信息化的发展也对通信技术提出了更高的要求，为蓝色经济开放提供了广泛的硬件和软件支持。海底通信光缆、石油管道运输等大量依靠海洋的资源运输网络也有利于海洋经济活动的高效开展，不仅在海上贸易中占据重要份额，更是国家发展的重要保障。

3) 贸易投资，旨在衡量各国进入国际市场，参与国际生产、分配、交换和消费等经济活动的能力与程度。该指标设置了海洋贸易、金融投资、贸易环境三个二级指标。蓝色经济发展起源于海洋捕捞、海上贸易等活动，贸易往来是国际经济合作中最为基础且重要的环节，对促进生产要素流动、发挥各国比较优势并获得贸易利益意义非凡。金融投资是海洋经济发展的前提与支撑，随着海洋贸易的发展，其对资本的需求日益旺盛，在加快资本流通速度的同时，也促进了多种投资方式的兴起，为蓝色经济发展提供了资本支持。贸易的持续发展有赖于社会环境的发展与经济产品的需求，因此贸易环境同样是衡量海洋经济的重要指示。

4）工程劳务，用以衡量两国间在工程领域和劳务输出领域的合作程度。该指标设置了工程产业和劳务合作两个二级指标。一方面，我国作为基建工程输出大国，双边工程合作是我国对外开展合作的重要项目。基础建设领域工程项目在带动当地交通和经济发展的同时，也为我国深入双边国际合作打下了基础。另一方面，海洋经济少不了人与人的合作，劳务输出是经济合作中重要的一个环节。我国一直是劳务输出大国，劳务在外工作和生活情况，能够从企业和人才领域反映两国海洋经济合作趋势。

5）科技交流，用以反映一国参与海洋领域的科研活动的能力和水平，以及人文交流的合作程度。该指标设置了科研成果和民间交流两个二级指标。海洋科技创新是推动海洋经济开放与合作的根本动力，科技合作体现了海洋经济向更深层次、更高水平的发展动力，也反映了一国对先进技术和高端产品的研发能力与创造水平；民间交流是国家间人员往来的基础，体现了民间支持国家间交流合作的力度，也反映出各国民间交流的频繁程度。

附录四　体系构建与数据选择

一、体系构建

基于海洋经济合作指数的概念内涵及指标选取原则，综合考虑数据的完整性和可获得性，海洋经济合作指数评价体系共包含 5 个一级指标，13 个二级指标和 37 个三级指标，具体见附表 6。

附表6　"海丝路"海洋经济合作指数评价体系

	一级指标	二级指标	三级指标
"海丝路"海洋经济合作指数评价体系	A_1合作政策	B_1合作政策导向	C_1互免签证协定
			C_2伙伴关系级别
			C_3领导人国事访问
		B_2国家政策环境	C_4反腐形势
			C_5贫困比例
			C_6开放程度
		B_3合作/谅解备忘录	C_7双边海洋领域合作谅解备忘录
			C_8政府间合作/谅解备忘录
	A_2基础建设	B_4基建合作	C_9港口工程建设项目与海外合作平台
			C_{10}海底油气管道与海底光缆
		B_5基建能力	C_{11}互联网普及度
			C_{12}城市化水平
			C_{13}电话普及率
		B_6海运联通	C_{14}货柜码头吞吐量
			C_{15}海运连通指数
			C_{16}码头运载力
	A_3贸易投资	B_7海洋贸易	C_{17}渔业商品对外依存度
			C_{18}双边水产品出口贸易合作度
			C_{19}双边水产品进口贸易合作度
		B_8金融投资	C_{20}我国资本流入占外资流入比率
			C_{21}多边经贸组织参与情况
		B_9贸易环境	C_{22}海关手续负担
			C_{23}社会消费品总额
			C_{24}国际标准执行率
	A_4工程劳务	B_{10}工程产业	C_{25}工程持续性
			C_{26}工程营业额
			C_{27}工程影响
		B_{11}劳务合作	C_{28}工程派出人数
			C_{29}劳务输出人数
			C_{30}年末在外人数

续表

	一级指标	二级指标	三级指标
"海丝路"海洋经济合作指数评价体系	A_5 科技交流	B_{12} 科研成果	C_{31} 双边科技文章数量
			C_{32} 研发支出占 GDP 的比例
			C_{33} 以中国为目标受理国的外向型专利申请量
			C_{34} 高科技产品出口率
		B_{13} 民间交流	C_{35} 友好城市建设
			C_{36} 国际旅游收入占总出口的比例
			C_{37} 国际交流学生人数

由于"海丝路"海洋经济合作指数研究尚处于试评估阶段，本研究中选取了评价体系中合作政策、基础建设、贸易投资和科技交流 4 个一级指标以及 20 个三级指标组成本次研究的试评估体系。研究将在进一步完善指标体系、搜集官方、权威数据的基础上，丰富和补充指标评价体系与数据库，进一步开展深入研究。

二、指标选择与数据来源

本研究旨在通过借助海洋经济合作指数来反映中国与"海丝路"周边国家海洋经济合作的水平。其中，选择合理、科学、权威的评价指标与原始数据是至关重要的一环。基于国内外相关研究，本研究在体系构建与数据选取过程中重点考虑以下三个原则。

1. 数据来源具有权威性

本报告基础数据来源于公认的全球官方统计和调查，通过正规渠道定期搜集，确保基本数据的准确性、权威性、持续性和及时性。数据主要来源于历年《中国统计年鉴》《中国对外直接投资统计公报》及世界银行（World Bank）数据库、联合国贸易和发展会议（United Nations Conference on Trade and Development，UNCTAD）数据库、世界知识产权组织知识产权统计数据中心（WIPO IP Statistics Data Center）、联合国粮食及农业组织渔业和水产养殖统计数据库（FAO Statistics）、联合国商品贸易统计数据库（UN Comtrade）等。

2. 指标具有科学性、现实性和可扩展性

合作指数与各项分指数之间逻辑关系严密，分指数的每一指标都能体现科学性和客观现实性思想，运用可以检测和查阅的基础指标，避免指数的灰色性、模糊性和不可追溯性，使得指数分析方法更加科学和准确。各指标均有独特的宏观表征意义，定义相对宽泛，并非对应唯一狭义数据，便于指标体系的扩展和调整。

3. 评估思路体现海洋可持续发展思想

"海丝路"海洋经济合作指数评估指标体系构建过程中，不仅要考虑海洋经济合作整体发展情况现状，还要考虑国际时政、开放共享、发展态势等可持续性指标兼顾指数的时间趋势，指数具有一定的延展性，方便后续研究的调整与修正。

三、指标解释

1. C_1 互免签证协定

互免签证协定表示截至目前（2019 年 5 月 2 日），中华人民共和国与样本国家缔结互免签证协定。中国公民持所适用的护照前往样本国家短期旅行通常无须事先申请签证。其中包含特别护照、官员护照、外交护照、公务护照（公务普通护照）、其他公务类型（随行人员）、欧盟通行证、领事护照、普通护照等。指标数据通过萨蒂标度法打分，打分范围1—9，具体方法见附录六评估方法。

2. C_2 伙伴关系级别

伙伴关系级别表示中国与样本国家在外交层面达成的伙伴关系。其中包含双方建交、合作/战略互惠、合作伙伴、战略合作伙伴、全天候/全面战略合作/协作伙伴等。指标数据通过萨蒂标度法打分，打分范围 1—9，具体方法见附录六评估方法。

3. C_3 领导人国事访问

领导人国事访问表示每年中国与样本国家开展的国家领导人国事访问和正式访问的数量。

4. C_7 双边海洋领域合作谅解备忘录

双边海洋领域合作谅解备忘录表示中国与样本国家签署的海洋领域合作谅解备忘录数量、延续时间以及执行情况。

5. C_8 政府间合作/谅解备忘录

政府间合作/谅解备忘录表示中国与样本国家间签署的政府间合作/谅解备忘录的数量。其中包含"一带一路"合作谅解备忘录、深化伙伴关系文件以及其他合作谅解备忘录等。指标数据通过萨蒂标度法打分，打分范围 1—9，具体方法见附录六评估方法。

6. C_9 港口工程建设项目与海外合作平台

港口工程建设项目与海外合作平台表示样本国家中有中国参与建设、启用合作的港口工程建设项目和经济园区，国家级海外合作平台的建设情况，以及国家级"一带一路"重大工程、经济特区和海外军事保障基地建设情况。指标数据通过以萨蒂标度法打分，打分范围 1—9，具体方法见附录六评估方法。

7. C_{10} 海底油气管道与海底光缆

海底油气管道与海底光缆表示和我国保持海底油气管道或海底电缆、光缆的样本国家项目建设及运行情况。

8. C_{11} 互联网普及度

互联网普及度指接入国际互联网的人数（每百人）。

9. C_{14} 货柜码头吞吐量

货柜码头吞吐量衡量沿海航运与国际航运的集装箱流量（TEU20）。

10. C_{15}海运连通指数

海运连通指数表示中国与样本国家间的双边海运连通程度，由集装箱班轮双边连通性指数（LSBCI）和班轮运输连通性指数（LSCI）构成。

11. C_{17}渔业商品对外依存度

$$渔业商品对外依存度 = \left(\frac{渔业商品出口额}{总出口额} + \frac{渔业商品进口额}{总进口额} \right) \times 100\%$$

12. C_{18}双边水产品出口贸易合作度

$$双边水产品出口贸易合作度 = \frac{样本国家对中国水产品出口额}{样本国家水产品总出口额} \times 100\%$$

出口水产品包括鱼类、甲壳类动物、软体动物和其他无脊椎动物（UN Comtrade 编号 03）。

13. C_{19}双边水产品进口贸易合作度

$$双边水产品进口贸易合作度 = \frac{样本国家对中国水产品进口额}{样本国家水产品总进口额} \times 100\%$$

进口水产品包括鱼类、甲壳类动物、软体动物和其他无脊椎动物（UN Comtrade 编号 03）。

14. C_{20}我国资本流入占外资流入比率

$$我国资本流入占外资流入比率 = \frac{中国对外直接投资流量}{样本国家外国直接投资净流入额} \times 100\%$$

15. C_{21}多边经贸组织参与情况

样本国家参与多边经贸组织和金融组织情况，其中以中国主导的经贸组织为主。本研究选取"是否为世界贸易组织成员""是否为金砖国家成员""是否为上海合作组织成员"和"是否为亚太经济合作组织成员"4 个指标作为评判依据。其中，是赋值为 1；否赋值为 0。

16. C_{32}研发支出占 GDP 的比例

$$研发支出占 GDP 的比例 = \frac{样本国研发总支出}{国家生产总值} \times 100\%$$

17. C_{33} 以中国为目标受理国的外向型专利申请量

以中国为目标受理国的外向型专利申请量表明各样本国以中国为目标国受理的国际专利申请数量。

18. C_{34} 高科技产品出口率

$$高科技产品出口率 = \frac{高科技产品出口额}{样本国家制成品出口总额} \times 100\%$$

19. C_{35} 友好城市建设

友好城市建设表示中国与样本国家间建立友好城市的数量（以 2005 年为基础数值）。

20. C_{36} 国际旅游收入占总出口的比例

$$国际旅游收入占总出口的比例 = \frac{国际旅游总收入额}{总进口额} \times 100\%$$

附录五　样本筛选

"海丝路"是我国"一带一路"倡议的重要组成部分，其主要包含三条通路，第一条北向通过北极航线经北冰洋连接欧洲；第二条南向经南海向南进入太平洋，连接中国–大洋洲–南太平洋国家；第三条由南向经东南亚、南亚后穿印度洋，此后一条分支从直布罗陀海峡通向地中海向北进入欧洲，另一条分支沿印度洋西缘南下联通非洲国家，共同组成中国–印度洋–非洲–地中海通道。

本报告样本国家的选取参照《"一带一路"建设海上合作设想》中三条蓝色经济通道的路线，以三条蓝色经济通道周边沿海国家为样本选划区域。其中，为保障测评的完整性和通路的连通性，在样本选择上一方面以中国一带一路网（https://www.yidaiyilu.gov.cn/）中，已同中国签订共建"一带一路"合作文件的 136 个国家为基准（截至 2019 年 7 月底）；另一方面充分考虑样本国家的地域代表性以及各指标数据的可获得性，研究共选取 34 个国家作为评价样本。其中，值得注意的国家为土耳其。本报告样本国家更多考虑了国家的地理位置属性，尽管土耳其为北约国家且正在积极申请成为欧盟一员，但其国家地理区位更多位于亚洲区域，因此在区域分析时按照其地理位置最近化方法将其纳入亚洲地区国家进行评估。此外，与中国签订"一带一路"合作文件的南美洲国家数量较少，且部分国家近年来才与中国建交，在评估分析时难以与其他国家横向比对进行讨论，因此南美洲样本国家仅选取了智利一国。同时，"海丝路"中南向通路经由大洋洲联通南美洲国家，因此在区域分析时可将南美洲及大洋洲国家纳入同一区域进行分析，详见附表7。

附表 7　"海丝路"海洋经济合作指数样本国家选取

地区范围	国家
亚洲	孟加拉国、文莱、柬埔寨、印度尼西亚、马来西亚、马尔代夫、缅甸、巴基斯坦、菲律宾、新加坡、韩国、斯里兰卡、泰国、土耳其、越南*
非洲	佛得角、吉布提、肯尼亚、马达加斯加、莫桑比克、塞舌尔、南非、坦桑尼亚
欧洲	克罗地亚、爱沙尼亚、意大利、马耳他、波兰、葡萄牙、俄罗斯
南美洲及大洋洲	智利、斐济、新西兰、萨摩亚

＊排序以国家英文名称字母顺序为准。

附录六　评估方法

为客观对照分析和找准差异，海洋经济合作指数采用国际上流行的标杆分析法，即洛桑国际竞争力评价采用的方法。标杆分析法是目前国际上广泛应用的一种评估方法，其原理是通过一定评价标准在被评价对象中选取最优值作为标杆，其他被评价对象通过与标杆值的比较发现差距，并通过排序得出最终评价结果。

一、数据获取与同向化处理

海洋经济合作评估指标体系中，合作政策分指数数据基本均为定性指标定量化获得，因此该分指数下的指标数据引入萨蒂标度法，具体方法及打分标准见附表8。当被比较的事物在某属性方面具有相同或很接近的数量级时，为了便于区分，可以做出相同、较强、强、很强、极强5个判断以及介于这些判断之间的4个判断，共9个级别的比较。

附表8 萨蒂标度法

标度	含义
1	表示两个因素相比，具有相同重要性
3	表示两个因素相比，前者比后者稍重要
5	表示两个因素相比，前者比后者明显重要
7	表示两个因素相比，前者比后者强烈重要
9	表示两个因素相比，前者比后者极端重要
2，4，6，8	表示上述相邻判断的中间值
倒数	若因素 i 与因素 j 的重要性之比为 a_{ij}，那么因素 j 与因素 i 重要性之比为 $a_{ji} = \dfrac{1}{a_{ij}}$

为了保证不同量纲指标之间能够进行有效合成，在完成数据的收集和净化处理之后，先对原始数据进行同向化处理。在评价指标中大多数正指标无需进行同向化处理，少数逆指标需进行正向化处理，采用求补法。当变量为离散值，且指标值在一个固定的值域范围，则在指标正向化处理过程中采用求补法，计算公式为

$$x^{-1} = A - a$$

式中，x^{-1}为逆指标 x 同向化之后的正指标值；A 为指标 x 值域上最小值的绝对数。

二、数据无量纲化

由于不同指标数据有不同的单位（量纲），指标之间存在不可公度性，在进行指数计算时，需要排除量纲的变化对指数结果的影响。常用的标准化方法主要有最大最小值法和标准差法，本报告采用最大值法。

三、指标测算

设置每一项指标的最大值为标杆值，其得分为100，各指标得分为

$$D_{ij}^t = \frac{100 x_{ij}^t}{X_{ij}^t}$$

式中，$i = 1—20$，表示20个指标；$j = 1—34$，表示纳入测算的34个国家；$t = 2005—2018$，表示测算时间为2005—2018年；x_{ij}^t 表示各样本国原始指标数值；X_{ij}^t 表示各样本国该年度指标原始数值中的最大值；D_{ij}^t 表示各样本国该年度指标的最终得分。

四、分指数测算

根据各样本国指标最终得分，采用等权重法测算二级指标原始数值；采用第一步的标杆分析法，得出各国历年分指数最终得分。

五、海洋经济合作指标测算

根据历年各国分指数最终得分，采用等权重法测算海洋经济合作指数的最终得分。

需要说明的是，标杆分析法用于衡量评估对象的相对水平，因此各级指标与指数的得分不是各国各项指标的绝对水平，而是反映各国进行横向比较的相对水平。

附录七　基于时间序列的海洋经济合作指数测算方法与结果展示

一、测算方法

为更加全面、完善地表述中国与 34 个 "海丝路" 周边国家海洋境界合作水平，研究在附录六的评估方法基础上，延伸使用了以指标全年度得分为比对范围的标杆分析法。具体方法如下：

设置每一项指标的最大值为标杆值，其得分为 100，各指标得分为

$$D_{ij}^{t} = \frac{100\,(d_{ij}^{t} - x_{ij}^{t})}{X_{ij}^{t} - x_{ij}^{t}}$$

式中，$i = 1$—20，表示 20 个指标；$j = 1$—34，表示纳入测算的 34 个国家；$t = 2005$—2018，表示测算时间为 2005—2018 年；d_{ij}^{t} 表示各样本国原始指标数值；X_{ij}^{t} 表示各样本国历年指标原始数值中的最大值；x_{ij}^{t} 表示各样本国历年指标原始数值中的最小值；D_{ij}^{t} 表示各样本国历年指标的最终得分。

该方法中，由于标杆范围为全部国家全年份得分，原始数据较高的国家与较低国家在标杆分析法打分后数据两极分化严重，较难对不同国家得分进行比较分析，在主体研究中并未采用该方法。但该方法对于时间序列上的变化情况反映较为全面，因此作为专题研究，从侧面反映我国与 "海丝路" 周边国家海洋经济合作变化情况。

二、结果展示

附表 9　基于时间序列的"海丝路"海洋经济合作指数得分

国家	2005 年	2006 年	2007 年	2008 年	2009 年	2010 年	2011 年	2012 年	2013 年	2014 年	2015 年	2016 年	2017 年	2018 年
巴基斯坦	13.78	17.83	18.13	19.94	14.65	19.47	17.73	14.71	23.81	21.15	26.84	22.57	25.92	34.17
菲律宾	16.87	16.64	20.33	17.03	17.68	17.19	20.34	18.55	18.67	18.77	19.48	19.67	24.73	27.80
韩国	27.30	28.66	31.71	32.53	33.91	35.54	36.86	38.35	43.30	47.17	47.84	45.27	41.97	48.71
柬埔寨	3.74	8.58	5.75	5.22	5.38	9.11	9.21	12.36	12.39	9.54	10.20	17.54	14.91	15.60
马尔代夫	6.33	9.94	9.44	9.08	9.30	9.59	9.51	10.48	10.00	15.89	14.10	13.64	23.01	15.11
马来西亚	16.90	15.27	15.64	15.00	21.85	18.44	19.58	20.08	30.57	31.27	31.01	34.95	34.24	36.18
孟加拉国	10.53	9.12	11.47	9.13	10.55	10.60	10.63	11.23	11.37	19.23	11.78	16.10	13.27	13.15
缅甸	4.42	5.85	6.02	6.42	6.17	6.84	10.75	11.30	13.71	16.79	11.44	17.79	17.28	11.94
斯里兰卡	14.43	10.83	15.84	8.95	9.27	9.63	9.68	11.32	20.52	22.26	19.26	23.51	19.24	19.14
泰国	10.81	13.28	13.85	14.22	14.32	13.92	16.56	29.90	27.83	26.32	26.89	31.20	33.19	28.33
土耳其	7.40	9.11	9.38	9.47	9.63	18.56	12.76	13.53	13.87	14.12	20.83	15.49	16.47	16.83
新加坡	16.88	19.31	21.56	21.91	22.10	22.93	25.09	26.19	26.89	28.04	36.21	31.19	37.01	37.04
印度尼西亚	14.06	12.33	13.83	14.55	16.96	17.08	17.30	19.60	27.52	17.68	17.88	18.02	19.39	27.22
越南	7.85	14.16	14.05	18.26	16.68	17.19	20.59	18.94	30.55	22.49	30.54	24.59	33.22	23.70
文莱	7.70	8.42	9.03	8.85	10.64	10.62	10.81	11.21	15.55	12.63	13.75	12.77	17.90	12.33

续表

国家	2005 年	2006 年	2007 年	2008 年	2009 年	2010 年	2011 年	2012 年	2013 年	2014 年	2015 年	2016 年	2017 年	2018 年
佛得角	1.71	3.65	2.92	3.68	5.87	6.35	6.32	6.16	6.40	6.28	7.70	7.45	7.08	13.01
肯尼亚	1.56	8.53	4.30	3.88	4.53	5.09	3.78	4.04	4.31	13.73	6.62	6.45	6.74	8.82
吉布提	3.77	6.27	6.24	8.67	6.36	6.33	6.40	6.80	8.02	8.32	8.47	8.25	9.72	14.41
马达加斯加	2.25	3.74	3.71	3.54	3.60	3.48	4.14	3.25	3.11	3.24	3.18	3.46	8.39	3.64
莫桑比克	3.36	5.08	11.35	5.89	6.67	6.55	8.19	7.94	7.15	6.95	7.95	13.87	12.27	16.82
南非	7.21	8.59	10.89	8.38	8.26	9.98	11.50	11.48	19.30	13.46	13.60	14.49	18.50	20.27
坦桑尼亚	4.09	7.82	8.38	8.02	8.18	8.65	8.33	8.78	16.77	10.01	10.64	10.54	10.54	15.68
塞舌尔	7.18	6.66	5.28	4.96	5.39	5.00	5.15	7.63	10.63	10.00	11.79	12.98	14.95	21.98
爱沙尼亚	4.62	4.66	4.16	5.42	5.61	6.22	7.34	6.98	6.57	6.46	6.44	9.70	12.75	8.33
波兰	6.64	8.90	9.15	9.43	9.81	10.53	16.78	12.26	12.54	12.92	16.77	22.30	15.15	15.75
克罗地亚	13.86	9.86	9.83	9.99	10.13	10.12	10.02	10.21	10.27	10.38	10.95	14.30	15.57	10.74
马耳他	6.98	8.75	8.37	9.47	9.25	9.20	9.25	9.41	9.18	8.87	8.76	7.97	7.90	13.41
俄罗斯	16.13	24.38	17.87	18.06	26.93	21.38	26.05	28.44	34.18	31.42	36.38	33.28	31.34	31.31
葡萄牙	14.22	10.20	10.38	10.66	11.14	11.65	11.97	12.17	12.05	12.36	12.72	14.56	17.04	24.97
意大利	9.71	12.40	12.76	12.75	13.36	14.59	14.16	14.19	14.87	22.03	15.74	21.77	21.70	24.09
智利	8.15	9.34	9.50	15.98	9.48	9.40	9.62	10.98	11.11	11.52	15.76	20.64	19.19	18.08
新西兰	7.50	9.60	9.48	9.78	9.23	9.70	10.42	10.42	10.60	23.92	16.97	16.84	17.88	16.79
斐济	3.17	9.92	4.71	4.65	4.96	4.93	4.97	4.55	4.67	7.65	12.00	11.83	11.81	17.91
萨摩亚	6.94	3.86	4.29	3.64	4.48	5.74	7.51	6.83	6.63	8.90	9.87	13.87	14.06	20.51

附表 10　基于时间序列的合作政策分指数得分

国家	2005 年	2006 年	2007 年	2008 年	2009 年	2010 年	2011 年	2012 年	2013 年	2014 年	2015 年	2016 年	2017 年	2018 年
巴基斯坦	43.15	49.07	49.07	52.41	29.44	48.33	41.67	29.44	65.00	52.78	66.67	47.78	47.78	77.78
菲律宾	23.89	13.89	26.67	13.89	13.89	13.89	28.33	13.89	13.89	13.89	13.89	13.89	31.67	43.89
韩国	10.00	10.00	16.67	21.67	28.33	28.33	28.33	28.33	44.44	53.89	53.89	40.56	40.56	48.89
柬埔寨	9.44	24.10	9.44	9.44	9.44	24.44	24.44	36.77	36.77	24.44	24.44	54.44	40.49	43.28
马尔代夫	9.44	9.44	9.44	9.44	9.44	9.44	9.44	9.44	9.44	31.11	21.11	21.11	57.78	27.78
马来西亚	20.71	5.00	5.00	5.00	25.95	11.67	17.22	17.22	40.08	40.08	37.22	51.51	47.22	51.51
孟加拉国	35.00	25.00	25.00	25.00	30.00	30.00	30.00	30.00	30.00	60.00	30.00	47.73	35.00	35.00
缅甸	10.56	10.56	10.56	10.56	10.56	10.56	25.56	25.56	35.56	49.84	25.56	49.84	45.56	25.56
斯里兰卡	50.00	20.00	38.00	10.00	10.00	10.00	10.00	16.67	52.78	53.44	39.44	57.44	39.44	39.44
泰国	10.56	10.56	10.56	10.56	10.56	10.56	20.08	63.17	53.17	45.56	45.56	59.84	65.56	45.56
土耳其	19.44	19.44	19.44	19.44	19.44	53.73	29.44	29.44	29.44	29.44	49.44	29.44	29.44	29.44
新加坡	5.00	5.00	7.86	5.00	5.00	5.00	15.00	15.00	15.00	15.00	44.29	20.00	40.00	32.86
印度尼西亚	36.59	19.44	26.11	26.11	26.11	26.11	26.11	32.78	63.49	24.44	24.44	24.44	31.11	61.11
越南	15.00	26.48	25.00	42.22	30.00	30.00	40.00	30.00	71.48	36.67	67.78	40.37	70.00	30.00
文莱	20.56	10.56	10.56	10.56	13.41	10.56	13.41	13.41	30.56	20.56	20.56	20.56	40.56	20.56
佛得角	0.00	0.00	0.00	0.00	0.00	0.00	0.00	0.00	0.00	0.00	4.44	4.44	4.44	24.44
肯尼亚	0.00	19.41	0.00	0.00	0.00	0.00	0.00	0.00	0.00	38.89	8.89	8.89	8.89	17.12
吉布提	10.00	10.00	10.00	20.00	10.00	10.00	10.00	10.00	10.00		10.00	10.00	10.00	30.00

续表

国家	2005 年	2006 年	2007 年	2008 年	2009 年	2010 年	2011 年	2012 年	2013 年	2014 年	2015 年	2016 年	2017 年	2018 年
马达加斯加	0.00	0.00	0.00	0.00	0.00	0.00	0.00	0.00	0.00	0.00	0.00	0.00	20.00	0.00
莫桑比克	5.00	5.00	26.43	5.00	5.00	5.00	5.00	5.00	5.00	5.00	5.00	34.44	24.44	44.44
南非	15.00	15.00	25.00	15.00	15.00	21.11	21.11	21.11	52.06	27.78	27.78	31.11	45.40	51.11
坦桑尼亚	9.44	9.44	9.44	9.44	9.44	9.44	9.44	9.44	40.40	16.11	16.11	16.11	16.11	36.11
塞舌尔	5.00	5.00	5.00	5.00	5.00	5.00	5.00	5.00	22.78	22.78	22.78	22.78	22.78	42.78
爱沙尼亚	5.00	5.00	5.00	5.00	5.00	5.00	5.00	5.00	5.00	5.00	5.00	19.29	26.11	6.11
波兰	15.56	15.56	15.56	15.56	15.56	15.56	40.56	20.56	20.56	20.56	34.56	55.56	25.56	25.56
克罗地亚	18.89	18.89	18.89	18.89	18.89	18.89	18.89	18.89	18.89	18.89	18.89	33.17	38.89	18.89
马耳他	5.00	5.00	5.00	9.44	9.44	9.44	9.44	9.44	9.44	9.44	9.44	9.44	9.44	29.44
俄罗斯	35.81	49.44	22.78	25.81	44.90	22.78	43.84	46.26	67.78	54.24	70.91	58.79	49.39	46.36
葡萄牙	44.12	20.00	20.00	20.00	20.00	20.00	20.00	20.00	20.00	20.00	20.00	26.67	34.44	64.44
意大利	15.00	15.00	15.00	15.00	15.00	17.86	15.00	15.00	15.00	42.14	15.00	33.57	28.97	36.11
智利	15.56	15.56	15.56	40.56	15.56	15.56	15.56	20.56	20.56	20.56	37.22	55.56	48.89	43.89
新西兰	5.00	5.00	5.00	5.00	5.00	5.00	5.00	5.00	5.00	56.67	26.67	26.67	31.33	26.67
斐济	5.00	26.43	5.00	5.00	5.00	5.00	5.00	5.00	5.00	15.00	32.78	32.78	32.78	57.78
萨摩亚	17.86	5.00	5.00	5.00	5.00	5.00	10.56	10.56	10.56	20.56	20.56	20.56	20.56	45.56

附表 11　基于时间序列的基础建设指数分得分

国家	2005年	2006年	2007年	2008年	2009年	2010年	2011年	2012年	2013年	2014年	2015年	2016年	2017年	2018年
巴基斯坦	2.76	12.44	12.70	16.51	18.92	19.37	19.53	19.58	19.84	20.35	28.38	27.79	34.08	34.02
菲律宾	12.04	21.60	22.15	22.38	24.65	25.52	25.70	31.83	31.88	32.27	34.07	33.51	34.41	34.26
韩国	23.48	31.61	32.51	32.72	31.40	33.73	35.04	35.69	36.30	36.92	37.38	41.90	42.55	43.30
柬埔寨	0.00	4.84	5.05	5.11	5.45	5.13	5.15	5.44	5.35	5.42	5.60	5.21	7.65	8.34
马尔代夫	0.00	15.05	15.22	15.37	15.04	17.58	17.50	18.64	18.12	19.19	20.06	18.99	18.43	18.71
马来西亚	16.16	23.38	24.74	26.02	28.45	29.45	28.69	30.17	48.46	49.18	50.54	52.50	56.56	56.36
孟加拉国	0.45	5.24	5.26	5.30	6.14	6.33	6.36	8.66	9.15	10.72	11.13	10.55	11.79	11.39
缅甸	0.00	6.35	7.45	8.45	7.36	8.49	8.77	8.12	8.16	8.52	11.38	10.54	12.68	11.72
斯里兰卡	1.38	16.35	18.64	18.78	19.36	20.29	20.92	20.79	20.58	24.81	26.78	25.35	26.20	26.01
泰国	7.87	16.51	17.05	17.38	18.66	18.98	19.99	29.12	29.34	29.80	30.40	31.21	33.46	33.93
土耳其	1.78	8.56	9.05	9.28	8.72	9.84	10.30	10.66	11.29	11.45	16.89	15.75	19.23	20.02
新加坡	28.47	37.49	39.48	40.44	40.94	42.59	42.68	46.44	46.88	47.74	46.58	51.09	54.60	58.04
印度尼西亚	5.59	17.10	18.48	19.05	28.25	29.86	30.34	32.02	31.71	31.69	32.69	33.15	30.87	31.43
越南	1.42	10.49	11.31	11.77	17.74	18.60	18.91	19.43	19.69	20.80	20.35	21.67	23.51	24.57
文莱	0.00	10.99	11.01	11.07	14.25	14.37	13.98	17.37	16.83	17.29	18.41	17.25	11.82	12.16
佛得角	0.00	5.35	5.34	5.33	5.65	5.55	5.67	5.77	5.76	5.29	6.50	5.78	5.73	5.70
肯尼亚	0.00	8.41	8.79	8.85	11.16	9.87	9.70	10.72	10.72	10.39	11.86	11.26	11.00	12.03
吉布提	0.00	9.93	9.83	9.60	10.29	10.22	10.46	12.11	16.96	18.18	18.72	17.70	22.19	22.51

续表

国家	2005年	2006年	2007年	2008年	2009年	2010年	2011年	2012年	2013年	2014年	2015年	2016年	2017年	2018年
马达加斯加	0.00	5.63	5.82	5.96	6.11	6.06	6.19	6.18	5.65	5.77	5.97	6.91	6.39	8.25
莫桑比克	0.00	6.87	9.05	11.14	12.02	13.59	14.85	14.44	14.34	15.66	16.53	14.97	15.72	15.92
南非	1.75	6.95	6.76	6.55	6.23	7.21	7.59	7.45	7.62	7.84	8.04	7.83	9.21	9.30
坦桑尼亚	0.00	15.37	15.82	16.07	16.31	16.71	16.55	16.97	17.14	17.11	20.20	19.44	18.96	19.43
塞舌尔	0.00	5.46	0.00	0.00	0.00	0.01	0.01	0.02	0.03	0.03	0.08	2.34	11.75	20.00
爱沙尼亚	0.00	0.00	0.10	4.43	4.44	5.06	5.16	5.09	5.11	5.16	5.19	5.10	6.50	8.43
波兰	0.00	8.73	8.90	8.69	8.83	10.01	10.31	10.59	10.88	11.47	11.63	11.42	12.04	13.17
克罗地亚	0.05	9.16	9.35	9.54	9.76	9.97	9.86	9.80	9.52	10.30	12.11	10.26	10.89	10.96
马耳他	0.78	5.58	5.97	6.37	6.46	5.90	5.93	6.06	7.25	7.22	7.78	7.49	7.15	8.48
俄罗斯	1.01	10.09	10.44	10.62	10.81	11.54	11.84	12.44	13.07	13.01	13.67	12.04	13.04	13.52
葡萄牙	0.51	7.44	7.57	7.49	9.07	11.20	11.34	13.07	12.68	13.93	14.53	14.63	15.83	17.10
意大利	8.03	18.09	18.37	18.12	17.81	18.98	19.14	19.59	20.28	20.08	20.88	25.65	29.38	29.64
智利	1.01	5.08	5.42	5.67	5.46	6.03	6.18	6.68	6.58	6.64	7.15	6.58	7.18	7.25
新西兰	0.90	9.56	9.75	9.66	8.22	10.21	10.12	10.47	10.57	10.97	11.14	11.21	12.07	12.00
斐济	0.00	5.60	5.63	5.65	5.67	5.70	5.73	5.52	5.63	6.07	6.36	5.95	5.93	5.88
萨摩亚	0.00	6.74	6.91	7.09	7.22	9.94	10.63	6.79	6.76	6.95	7.40	7.44	6.66	6.86

附表 12　基于时间序列的贸易投资分指数得分

国家	2005 年	2006 年	2007 年	2008 年	2009 年	2010 年	2011 年	2012 年	2013 年	2014 年	2015 年	2016 年	2017 年	2018 年
巴基斯坦	6.91	6.74	6.83	7.16	6.64	6.62	5.94	5.90	5.75	6.18	5.99	5.94	11.01	11.05
菲律宾	10.49	10.64	10.76	10.84	11.27	10.99	11.08	11.45	11.67	11.96	12.06	12.13	12.59	12.60
韩国	36.24	32.94	35.37	34.09	27.69	28.91	30.11	27.40	25.40	24.44	25.57	25.21	23.56	25.19
柬埔寨	5.48	5.18	7.73	5.17	5.20	5.25	5.29	5.24	5.26	5.27	6.89	6.88	7.47	6.68
马尔代夫	15.88	15.28	13.08	11.52	12.72	11.33	11.10	13.85	12.42	13.27	15.23	14.43	15.80	13.95
马来西亚	14.45	14.29	14.29	13.62	14.38	14.49	14.16	14.14	13.53	14.01	13.03	12.84	12.64	12.90
孟加拉国	6.37	5.90	15.05	5.84	5.62	5.70	5.69	5.76	5.80	5.60	5.28	5.31	5.28	5.00
缅甸	7.11	6.47	6.08	6.49	6.36	7.75	8.01	10.47	10.26	7.65	7.67	7.51	7.67	7.18
斯里兰卡	5.48	5.56	5.67	5.58	5.69	5.60	5.55	5.57	5.71	7.36	7.37	7.45	7.44	7.32
泰国	15.02	15.71	17.64	18.29	15.30	14.43	14.28	15.07	15.51	15.75	16.10	16.43	16.64	16.33
土耳其	5.20	5.12	5.09	5.15	5.17	5.19	5.25	6.91	6.87	6.90	6.93	6.91	6.92	6.96
新加坡	11.39	11.18	10.94	11.07	10.87	10.73	10.84	10.86	10.92	10.92	11.19	10.88	11.00	11.05
印度尼西亚	8.94	8.09	6.72	8.84	8.18	8.20	8.69	9.14	9.90	9.45	9.32	9.31	9.35	9.79
越南	13.15	17.21	16.25	16.16	15.33	14.96	15.33	15.71	16.70	17.93	17.76	19.62	22.35	20.97
文莱	10.21	10.30	10.19	10.14	10.16	10.20	10.18	10.23	10.28	10.25	10.66	10.58	10.46	10.27
佛得角	6.84	9.24	6.34	9.39	17.63	19.65	18.94	18.67	19.65	19.65	19.68	19.35	17.97	21.69
肯尼亚	5.39	5.34	5.32	5.40	5.35	5.44	5.22	5.23	5.23	5.27	5.28	5.11	5.53	5.33
吉布提	5.10	5.16	5.12	5.09	5.13	5.11	5.12	5.10	5.13	5.09	5.17	5.29	6.70	5.11

续表

国家	2005 年	2006 年	2007 年	2008 年	2009 年	2010 年	2011 年	2012 年	2013 年	2014 年	2015 年	2016 年	2017 年	2018 年
马达加斯加	7.86	8.14	7.96	7.24	7.01	6.91	6.99	6.51	6.49	6.75	6.40	6.34	6.71	5.72
莫桑比克	6.06	5.89	5.68	5.70	5.77	5.47	5.43	5.31	5.48	5.53	5.56	5.59	5.54	5.28
南非	6.00	6.02	5.68	5.72	5.55	5.73	10.95	10.66	10.55	10.59	10.58	10.69	10.75	11.05
坦桑尼亚	6.57	6.31	6.40	6.12	5.90	5.69	5.58	5.61	5.57	5.77	5.76	5.69	6.03	5.50
塞舌尔	17.03	15.29	15.20	13.89	15.53	13.87	14.97	19.83	16.88	15.58	22.24	25.12	23.60	23.52
爱沙尼亚	5.46	5.39	5.39	5.41	5.49	5.43	5.42	5.48	5.51	5.51	5.53	5.42	5.41	5.45
波兰	6.85	6.65	6.94	7.68	7.49	7.24	6.93	7.07	7.12	6.66	6.70	6.58	6.51	6.53
克罗地亚	5.30	5.39	5.33	5.32	5.40	5.33	5.37	5.36	5.33	5.38	5.41	5.41	5.38	5.40
马耳他	5.23	5.55	5.41	5.64	5.36	5.60	5.47	5.69	5.84	6.01	6.07	6.35	6.59	6.40
俄罗斯	19.13	28.95	28.02	24.98	38.55	37.40	33.16	37.53	36.90	36.44	36.49	35.13	33.67	34.48
葡萄牙	6.32	6.44	6.37	6.34	6.63	6.89	6.81	6.69	6.63	6.49	6.73	6.73	7.03	7.09
意大利	5.92	6.20	6.56	6.20	6.34	6.55	6.53	6.40	6.58	6.28	6.57	6.76	6.60	6.36
智利	13.99	14.70	13.11	13.77	13.24	12.31	12.92	12.53	12.72	13.83	13.58	14.60	14.74	14.90
新西兰	15.97	14.97	14.53	15.37	13.65	13.44	15.40	15.02	15.06	15.77	17.74	15.76	14.64	13.96
斐济	6.78	6.96	6.97	7.06	7.88	8.04	8.13	7.10	7.35	8.94	8.19	7.86	7.61	7.25
萨摩亚	7.40	3.65	5.21	2.28	5.59	7.95	8.80	9.95	9.00	7.58	11.39	27.18	28.70	29.40

附表 13　基于时间序列的科技交流分指数得分

国家	2005 年	2006 年	2007 年	2008 年	2009 年	2010 年	2011 年	2012 年	2013 年	2014 年	2015 年	2016 年	2017 年	2018 年
巴基斯坦	2.30	3.06	3.91	3.67	3.60	3.55	3.78	3.93	4.64	5.27	6.33	8.78	10.82	13.83
菲律宾	21.04	20.42	21.74	21.02	20.93	18.37	16.23	17.03	17.24	16.99	17.90	19.14	20.27	20.44
韩国	39.46	40.09	42.31	41.64	48.19	51.19	53.97	61.98	67.04	73.42	74.52	73.41	61.21	77.45
柬埔寨	0.05	0.20	0.79	1.17	1.41	1.61	1.95	2.00	2.20	3.03	3.86	3.62	4.03	4.10
马尔代夫	0.00	0.00	0.00	0.00	0.00	0.00	0.00	0.00	0.00	0.00	0.00	0.01	0.01	0.01
马来西亚	16.26	18.40	18.52	15.37	18.60	18.15	18.25	18.77	20.22	21.82	23.27	22.97	20.53	23.97
孟加拉国	0.31	0.34	0.57	0.40	0.45	0.38	0.48	0.49	0.51	0.61	0.70	0.80	1.02	1.22
缅甸	0.01	0.01	0.02	0.19	0.39	0.58	0.65	1.06	0.85	1.15	1.16	3.26	3.22	3.31
斯里兰卡	0.87	1.40	1.04	1.45	2.03	2.63	2.25	2.25	3.02	3.41	3.46	3.79	3.88	3.78
泰国	9.81	10.35	10.14	10.65	12.77	11.70	11.86	12.24	13.31	14.16	15.48	17.30	17.11	17.53
土耳其	3.16	3.32	3.94	4.00	5.18	5.48	6.04	7.11	7.88	8.67	10.05	9.85	10.28	10.90
新加坡	22.66	23.57	27.94	31.14	31.60	33.39	31.83	32.45	34.75	38.51	42.80	42.77	42.44	46.20
印度尼西亚	5.13	4.70	4.00	4.19	5.29	4.15	4.06	4.48	4.97	5.14	5.06	5.18	6.22	6.54
越南	1.84	2.44	3.63	2.87	3.66	5.22	8.12	10.62	14.34	14.55	16.26	16.70	17.01	19.26
文莱	0.02	1.84	4.37	3.63	4.74	7.37	5.69	3.81	4.52	2.44	5.38	2.69	8.76	6.31
佛得角	0.00	0.00	0.00	0.00	0.19	0.19	0.66	0.19	0.19	0.20	0.19	0.21	0.19	0.19
肯尼亚	0.84	0.95	3.10	1.28	1.59	5.03	0.18	0.20	1.28	0.37	0.47	0.55	1.54	0.80
吉布提	0.00	0.00	0.00	0.00	0.02	0.00	0.00	0.00	0.00	0.00	0.00	0.00	0.00	0.00

续表

国家	2005年	2006年	2007年	2008年	2009年	2010年	2011年	2012年	2013年	2014年	2015年	2016年	2017年	2018年
马达加斯加	1.14	1.20	1.08	0.95	1.27	0.97	3.39	0.32	0.30	0.44	0.36	0.57	0.44	0.61
莫桑比克	2.37	2.54	4.25	1.71	3.89	2.13	7.50	7.01	3.78	1.60	4.70	0.49	3.37	1.65
南非	6.10	6.37	6.11	6.24	6.26	5.87	6.34	6.72	6.96	7.65	8.00	8.31	8.65	9.63
坦桑尼亚	0.34	0.17	1.85	0.45	1.08	2.77	1.73	3.09	3.99	1.06	0.51	0.92	1.08	1.68
塞舌尔	6.68	0.89	0.93	0.95	1.03	1.11	0.61	5.67	2.84	1.61	2.06	1.67	1.67	1.64
爱沙尼亚	8.01	8.23	6.14	6.83	7.51	9.37	13.79	12.34	10.68	10.18	10.04	8.98	12.97	13.32
波兰	4.16	4.66	5.22	5.81	7.36	9.31	9.33	10.84	11.61	13.01	14.20	15.64	16.49	17.74
克罗地亚	6.91	6.01	5.75	6.20	6.49	6.28	5.95	6.80	7.36	6.97	7.39	8.34	7.12	7.73
马耳他	16.91	18.86	17.11	16.43	15.73	15.86	16.18	16.47	14.21	12.78	11.75	8.60	8.42	9.33
俄罗斯	8.59	9.02	10.26	10.84	13.44	13.82	15.34	17.51	18.95	21.99	24.46	27.16	29.26	30.88
葡萄牙	5.96	6.91	7.57	8.83	8.87	8.50	9.74	8.94	8.90	9.03	9.63	10.20	10.85	11.26
意大利	9.90	10.33	11.12	11.67	14.27	14.97	15.97	15.79	17.60	19.63	20.52	21.09	21.85	24.26
智利	2.04	2.05	3.94	3.94	3.67	3.70	3.81	4.14	4.59	5.06	5.09	5.82	5.94	6.30
新西兰	8.13	8.85	8.64	9.09	10.03	10.17	11.18	11.17	11.76	12.28	12.33	13.74	13.46	14.51
斐济	0.89	0.69	1.26	0.88	1.27	0.96	1.01	0.59	0.69	0.60	0.70	0.74	0.92	0.72
萨摩亚	2.49	0.03	0.05	0.19	0.10	0.06	0.06	0.03	0.19	0.50	0.12	0.29	0.33	0.23

附录八　中日韩海洋经济合作数据及名词解释

中日韩海洋经济合作专题研究中数据从 UN Comtrade、英国克拉克松研究公司、中国船舶工业行业协会等官方数据库获得。不同数据库的统计方式、数据名称、表述方法等均有不同，本报告中就不同统计口径下的数据名称、数据范围、数据解释等方面进行详细说明。

一、船舶进出口名词解释

船舶进出口数据主要由 UN Comtrade 统计获取，涉及中日韩三国的双多边船舶进出口额、船舶进出口吨位、船舶类型等（附表14）。

附表 14　中英文船舶类型名称对照

代码	类型名称	具体涵盖类别名称（英）	具体涵盖类别名称（中）
8901	Ⅰ类船舶	Cruise ships, excursion boats, ferry- boats, cargo ships, barges and similar vessels for the transport of persons or goods 【Passenger and goods transport ships, boats】（2001 年前使用名）	客运船、渡船、货船、驳船及运送人员或货物的船只
8902	Ⅱ类船舶	Fishing vessels, factory ships and other vessels; for processing or preserving fishery products	渔船、工厂船和其他用于加工或保存渔业产品的船舶
8903	Ⅲ类船舶	Yachts and other vessels; for pleasure or sports, rowing boats and canoes	游艇、划桨船、独木舟等其他为了娱乐或运动船只
8904	Ⅳ类船舶	Tugs and pusher craft	拖船、推船等
8905	Ⅴ类船舶	Light-vessels, fire-floats, dredgers, floating cranes, other vessels; the navigability of which is subsidiary to main function; floating docks, floating, submersible drilling, production platforms	轻型船舶、消防船、挖泥船、浮吊等其他船舶；浮动船坞、潜式钻井、浮动平台等运动性能差的海上浮动结构

续表

代码	类型名称	具体涵盖类别名称（英）	具体涵盖类别名称（中）
8906	Ⅵ类船舶	Vessels; other, including warships and lifeboats, other than rowing boats	其他船只，包括军舰和救生艇等无桨船只
8907	Ⅶ类船舶	Boats, floating structures, other (for e.g. rafts, tanks, coffer-dams, landing stages, buoys and beacons)	小型船只、漂浮构筑物、其他（筏子、围堰、登岸台、浮标及航标等）
8908	Ⅷ类船舶	Vessels and other floating structures; for breaking up	可解体的船只及其他浮动结构

二、水产品进出口名词解释

水产品数据主要由 FAO、UN Comtrade 统计获取，涉及中日韩三国的双多边水产品进出口额、水产品进出口净重等（附表15）。

附表15　中英文水产类型名称对照

代码	类型	具体涵盖类别名称（英）	具体涵盖类别名称（中）
03		Fish, crustaceans, molluscs, aquatic invertebrates	鱼类，甲壳类，软体动物，水生无脊椎动物
0301	Ⅰ类水产	Live fish	活鱼
0302	Ⅱ类水产	Fish, whole, fresh or chilled, excluding fish fillets and other fish meat of heading0304	全鱼，新鲜或冷藏，不包括鱼片和其他鱼片（代码0304）
0303	Ⅲ类水产	Fish, frozen, whole, excluding fish fillets and other fish meat of heading0304	鱼，冷冻，整条，不包括鱼片和其他鱼肉（代码0304）
0304	Ⅳ类水产	Fish fillets and other fish meat (whether or not minced), fresh, chilled of frozen	鱼排、鱼肉块及其他鱼肉（不论是否剁碎）新鲜、冷藏、冷冻鱼排
0305	Ⅴ类水产	Fish, dried, slated or in brine, smoked fish, whether or not cooked before or during the smoking process, fish meal fit for human consumption	风干鱼、腌制鱼、卤制鱼、熏制鱼，其他经过熏制或熏制过程中的生、熟鱼，可食用鱼粉

代码	类型	具体涵盖类别名称（英）	具体涵盖类别名称（中）
0306	VI类水产	Crustaceans; in shell or not, live, fresh, chilled, frozen, dried, salted or in brine; smoked, cooked or not before or during smoking; in shell, steamed or boiled; whether or not chilled, frozen, dried, salted or in brine; edible flours, meal, pellets	甲壳类动物；有壳或无壳、活的、鲜的、冷藏的、冷冻的、干的、腌制或卤制的甲壳类动物；烟熏、经过熏制或熏制过程中的生、熟甲壳类动物；有壳的，蒸或煮熟的甲壳类动物；冷藏冷冻或非冷藏冷冻的、干的、盐渍或卤制的甲壳类动物；可食面粉制、粉制、丸制
0307	VII类水产	Molluscs; whether in shell or not, live, fresh, chilled, frozen, dried, salted or in brine; smoked molluscs, whether in shell or not, cooked or not before or during the smoking process; flours, meals and pellets of molluscs, fit for human consumption	软体动物；带壳或不带壳的、活的、鲜的、冷藏的、冷冻的、干的、腌制或卤制的软体动物；带壳或不带壳的、熏制软体动物，经过熏制或熏制过程中的生、熟软体动物；可食面粉制、粉制或丸制的软体动物
0308	VIII类水产	Aquatic invertebrates, other than crustaceans and molluscs; live, fresh, chilled, frozen, dried, salted or in brine, smoked, whether or not cooked before or during the smoking process; flours, meals, and pellets, fit for human consumption	水生无脊椎动物，甲壳类和软体动物除外；活的、鲜的、冷藏的、冷冻的、干的、腌制的或用卤制的水生无脊椎动物；生的或者熟的，经过熏制或熏制过程中的生、熟水生无脊椎动物；可食面粉制、粉制或丸制的水生无脊椎动物

三、船舶企业数据解释

我国船舶相关企事业单位数据由中国船舶工业行业协会统计获取。中国船舶工业行业协会是经中华人民共和国民政部批准注册登记的社会团体，具有法人资格。中国船舶工业行业协会是由船舶制造与修理、船舶配套设备制造企业和科研设计院所，与船舶行业相关联的高等（专业）院校和企事业单位以及符合条件的同业经济组织，按平等自愿的原则组成的非营利性的全国性船舶工业行业组织。其政府业务主管部门是国家国防科学技术工业局，受国家有关政府部门的业务指导。

中国船舶工业行业协会现有团体会员 530 余家，包含了全国船舶行业规模以上的大、中型企事业单位，其产品产量占全国船舶工业总产量的 95% 以上。该协会中的单位代表了我国船舶工业领域开展国际合作的最高水平，其统计数据具有权威性，因此本报告中船舶工业企事业单位相关数据由该协会提供。